城市居住街区热舒适性研究
——以西安市为例

杨玙珺　周　典　著

中国建筑工业出版社

图书在版编目（CIP）数据

城市居住街区热舒适性研究：以西安市为例 / 杨玙珺，周典著 . -- 北京：中国建筑工业出版社，2024.7.

ISBN 978-7-112-30019-8

Ⅰ . TU984.12

中国国家版本馆 CIP 数据核字第 2024Y1Y857 号

本书结合国内外相关的绿化与街区热环境研究，在街区尺度上对我国城市居住区户外不同空间类型、绿化类型的周边热环境特点展开相应的研究，以城市居住街区内主要的绿化形式作为研究对象，旨在提升人们主要户外活动时段的热舒适性。此外，采用生理等效温度与其主要影响范围的综合评价模式，以实测数据采集和计算流体力学（CFD）模拟计算相结合的方式定量分析了居住街区不同绿化形式对街区热舒适性的影响效果与范围，并在此基础上总结出城市居住街区的绿化策略与方法，同时在实际案例中验证了所提出优化策略的可行性。

本书可供广大城乡规划师、建筑设计师及高等院校建筑学专业、城乡规划学专业等学习参考。

责任编辑：吴宇江　陈夕涛

文字编辑：周志扬

责任校对：赵　力

城市居住街区热舒适性研究
——以西安市为例

杨玙珺　周　典　著

*

中国建筑工业出版社出版、发行（北京海淀三里河路 9 号）

各地新华书店、建筑书店经销

北京雅盈中佳图文设计公司制版

建工社（河北）印刷有限公司印刷

*

开本：787 毫米 ×1092 毫米　1/16　印张：12³/₄　字数：261 千字

2024 年 8 月第一版　2024 年 8 月第一次印刷

定价：**50.00** 元

ISBN 978-7-112-30019-8

（43056）

序

随着中国城市建设和经济的飞速发展、人口增长和城市下垫面性质的改变，一系列城市气候环境问题接踵而至，例如城市热岛效应、近地逆温层，以及空气污染等，直接导致能源消耗、热量排放的加剧，从而降低居民热舒适性，损害公共健康安全。

为了改善不断恶化的城市环境，当前亟须系统地评估城市气候现状并将其应用于规划过程。传统的城市控规系统主要关注对城市功能发展以及建设强度方面的管控，对于城市热岛效应的疏导和控制的具体要求没有直接反映和说明，涉及城市气候方面的调节措施与控制指标较少，难以对未来城市气候应对的风险与窘境进行预估和干预。《城市居住街区热舒适性研究——以西安市为例》一书在城市尺度上，建立城市空间规划可控指标与城市热环境的定量关系，解析其内在耦合机制；在战略层面上，为城市空间规划可控指标与热环境建立直接联系，将城市气候融入空间规划，达到改善人居环境的目的。

该书通过对热环境的实地测量，识别了不同情景下的城市热环境特征以及不同局地气候分区下的热岛变化特征和相应影响参数，依托卫星数据和地理信息系统建立了寒冷地区典型城市——西安的城市信息数据库和城市气候数据库；揭示了行人层高度处主城区热环境时空分布规律，形成对城市气候环境的总体评估；解析了城市空间规划可控指标对城市热环境的影响机制，制定了改善城市热环境的规划指标管控策略。该书深化了城市空间要素对热环境影响机制的定量化认知，实现了提升人居环境质量与城市规划管理工作的有机结合。

该书作者从事城市气候与空间大数据研究，构建了基于热环境视角下的城市空间规划评价体系。书中详细介绍了大数据背景下，获取多源城市空间信息的技术手段和空间规划可控指标的计算方法，创建了城市空间基础信息数据库，为未来的气候规划管控体系提供指标选择依据。因此，该书的相关成果不仅对城市规划与设计实践、热岛调控以及城市气候的理论研究有重要意义，同时将多源空间大数据融合技术引入城市热环境的量化研究中，具有重要的理论借鉴和实践参考价值，值得从事相关研究的工作者参考。

中国工程院院士

前言

快速的城市建设在推动城市化发展的同时也导致了城市热岛现象的出现。受全球气候变化与城市热岛效应的共同影响，居住街区户外热舒适性下降十分明显。作为城市化进程中发展速度最快、开发规模最大的区域，如何改善城市居住街区户外热环境已被越来越多的学者所重视。

种植绿化是改善户外热环境的有效方法，然而现有的城市绿化建设中，人们还是更多关注绿化的景观效果，对于如何借助定量分析来科学种植绿化缺乏有效的方法指导。居住区作为日常生活中人们停留时间最长、活动最频繁的区域，如何通过科学地选择居住街区的绿化形式来提升户外热舒适性已成为城市人居环境科学中的重要课题。

本书以居住街区围合道路及住宅楼群区域内的种植绿化为对象，以西安市为背景城市，以提升人们主要户外活动时段的热舒适性为目标，采用实测采集数据和流体动力学计算（CFD）相结合的方式定量分析了居住街区绿化形式对街区热舒适性的影响效果与范围，希望能够为科学高效的居住街区绿化建设提供方法指导。

为了将居住街区进行科学分解，本书根据空间形态特征将居住街区空间划分为住宅楼群区域与围合道路区域；将居住街区住宅楼群空间类型划分为多层行列式街区、高层行列式街区、均制围合式街区与错列围合式街区四类；将居住街区围合道路划分为一板二带式与二板三带式两种模式。本书根据绿化组合形式将居住街区绿化类型划分为住宅楼间绿化与围合道路绿化。其中，住宅楼间绿化又细分为带状绿化与块状绿化，块状绿化进一步细分为活动绿地、景观绿地与小游园三类。针对每种绿化类型的研究，主要考虑其种植模式与种植区域。而对于形式较为复杂的块状绿化还考虑了绿地的植被组成。为了可量化探讨居住街区的热舒适性，本书构建了同时采用生理等效温度（PET）与 PET 主要影响范围（IA）的综合评价模式。本书主要探讨内容及成果如下：

就科学的居住街区围合道路绿化形式，笔者提出：1）在所有走向的道路中，均可采用树冠相连的植被间距来获得最舒适的热感受。此外，东西向道路还可以采用0.5个树冠的植被间距让居住街区获得较为良好的热舒适性环境；2）当植被间距相同时，植被高度的增加可以降低围合道路的 *PET* 平均值。这一变化特征在植被间距较大时更为明显；3）植被高度的增加还可以降低研究区域的热舒适性敏感程度。这一特征在东西向道路中更为明显；4）在采用相同的种植模式时，二板三带式道路的热舒适性比一板二带式道路更好。这一特征在采用较高植被时更为明显。

就科学的居住街区住宅楼间带状绿化形式，笔者提出：1）带状绿化植被高度的变化对街区热舒适性影响较植被间距对街区热舒适性的影响更为明显；2）当采用9m或12m高的植被时，无论选择何种植被间距居住街区都可以获得相对良好的热舒适性。当采用6m高的植被时，则需要采用连续种植才能获得相对较好的热舒适性环境；3）在住宅楼双侧设置带状绿化会获得好于单侧种植方式的街区热舒适性环境；4）当选择单侧种植形式时，将带状绿化设置于住宅楼南侧的街区热舒适性环境又会优于将其设置在住宅楼北侧。

就科学的居住街区住宅楼间块状活动绿地形式，笔者提出：1）为了获得最舒适的居住街区热舒适性环境，首选植被组合应采用乔木围合场地的模式；2）活动绿地在采用更密集的种植间距时可以获得更好的热舒适性。同时，缩小植被间距还可以降低街区的热舒适性敏感程度；3）在行列式街区中，将活动绿地设置在街区下风向处可以获得最佳的街区热舒适性。在围合式街区中，则应将其设置于街区中心部。在对其他形式块状绿地进行设计时最需要注意植被的种植间距，当植被树冠间距为0m时，乔木围合灌木的形式较灌木围合乔木的形式可以获得相对更大的热舒适性改善范围。此外还需考虑到绿地的设置区域，如将绿地设置在街区中心处或下风向处则可以获得相对最大的热舒适性改善范围。

本书内容从初期的资料数据收集与现场调研到最终的成稿都离不开西安交通大学人居环境与建筑工程学院的诸多老师与同学的大力支持与帮助，笔者在此表示衷心的感谢。本书撰写中参考了国内外许多学者的著作与论文，相关参考之处已在书中明确标注，在此也向这些学者、前辈表达诚挚的谢意。

建筑设计领域的研究涉及学科多、相关行业广，本书虽经多轮推敲，但限于作者水平，书中不足之处仍在所难免，敬请各位读者批评指正。

目录

第 1 章

导 论

随着城市的建设活动与经济发展，城市与环境间的冲突愈发明显。城市化发展与全球气候变化已经成为当下广泛存在的全球现象。

人类的活动改变了城市下垫面的类型，从而导致城市地表储存了过多的热量。城市的高速发展更是导致了城市热岛现象的出现并愈发明显。在全球气候变化的大背景下，城市热岛现象会使得城市夏季高温成为一种常态，并持续对人体健康造成严重的危害。

城市发展的基础是城市劳动力数量的增加。居住区作为人们在城市生活中最为根本的依托，成为城市化建设中发展最快、规模占比最大的组成部分。

《中共中央　国务院关于进一步加强城市规划建设管理工作的若干意见》中明确提出我国要建设"密路网""街区制"的城市居住空间。这使得城市规划及设计中需要综合考虑居住区与周围道路的相互关系。对于居住街区的统一规划就成为今后城市设计的必然。如何高效地改善居住街区户外热舒适性则成为提升城市居民生活幸福感的重要问题。

植被作为改善户外热环境见效周期最短的一种规划要素应该在城市设计层面受到更多的重视。然而，在现有的居住区与城市道路的规划设计中，人们更多的是关注绿化的景观效果。在城市规划与设计中，对于如何通过绿化增强其对热环境的改善效果则受到较少的关注。

本书关注于居住街区内不同类型的绿化形式对户外热舒适性的改善效果，以期为居住街区绿化的科学化建设提出理论依据与规划建议。

1.1　城市居住街区热舒适性环境与绿化现状

1.1.1　中国的城市化发展与居住街区建设

1978 年以来，我国经济建设进入了一个高速发展的时期。年鉴资料显示，至 2017 年，我国总人口达到 139008 万人，国内生产总值为 827121 亿元，建筑业总产值达 213954 亿元，占国内生产总值的 25.9%。然而，在 1978 年，我国总人口仅为 96259 万人，国内生产总值为 3678 亿元，建筑业总产值为 569 亿元，在国内生产总值的占比仅为 15.5%。1978 年的全国人口、国内生产总值与建筑业总产值分别是 2017 年对应数据的 69.2%、0.4% 与 2.4%。也就是说，在我国人口增长了 0.4 倍的同时，国内生产总值增加了 223.9 倍，建筑业投资增加了 375 倍（图 1-1）。高速的经济发展不仅提高了人们的生活水平，也进一步加快了我国的城市化发展进程。如此快速、大规模的建设，使得我国的城市化发展与西方国家呈现出了不同的特点[103，157]。

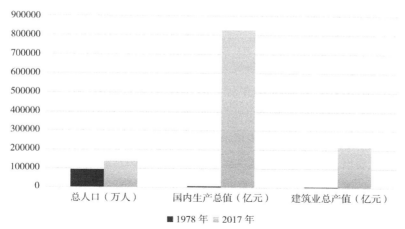

图 1-1　我国城市的高速发展建设特征

　　我国早期的城市化发展是以制造业的兴起为核心的。伴随着这一进程,大量的外来劳动力涌入城市。为了解决城市人口激增的问题,各地建设了大量居住设施,大型密集的居住区成片出现。随着居住建筑的高层化,大批量的高层居住小区在城市中出现。这些居住小区的建设目的是满足城市居民的基本居住需求,长期以来,居住品质并不是规划设计的重点。容积率与日照间距成为规划设计的核心。这种建设背景下的城市高速发展注定会导致相应建设问题的大量出现。

　　城市居民日常生活中 50% 以上的时间是在居住区内或周边度过的,例如上下班及户外娱乐健身活动是每个人每天必会发生的行为。如何更好地提升居住区的适应性及舒适性,如何将居住区与周边道路结合发展就成为需要解决的重要课题。2016 年 2 月 6 日,中央城市工作会议明确指出新建的住宅要推广街区制。这使得城市规划及设计人员必须要建立起科学的街区建设模式,以适应未来的城市发展需求。

1.1.2　城市化建设对城市热环境的影响

　　伴随着城市的高速建设与城市规模的快速扩张,城市下垫面也产生了很大的变化。城市建设中的路面硬化导致城市反射率下降,在日间会吸收更多的热量。研究表明,如果可以将现有地球上所有城市的表面反射率提高至 0.85,全球每年可以减少约 $4.0 \times 10^7 kW$ 的光辐射量,这一程度的能量会直接影响地球的潜热量[70](Hanna,2014)。同时,建筑的存在又使得城市的蓄热能力大幅上升。随着建筑数量的增加,这一部分蓄热也逐渐变高。若建筑密度增加 10%,城市区域的热岛强度会上升 0.46℃[14]。在上述两方面的共同作用下,建筑能耗会随之明显上升,这也直接导致了大量的人为排热出现在城市中。对我国上海市的追踪研究发现,随着人为热排放量从 $6.5 \times 10^{14}kW$ 增加到 $30.9 \times 10^{14}kW$，城市热岛强度会增加 $0.4℃$ [58]。

此外，伴随着土地的开发，原本位于城市周边的绿地被改造成建成区。绿地的减少则会直接影响城市自身的降温效果。有关研究表明，绿化斑块面积在 $100m^2$ 以下时，对区域气温影响较小，但是当斑块面积达到 $1600m^2$ 以上时，对气温的改善作用则会较为明显 [11]。绿地的减少也会导致多个建成区之间缺少过渡区域。相邻建成区之间的相互作用会使得区域热环境恶化得更加明显 [49]。与此同时，城市用地中占比最高的居住用地建设更是在"追求容积率"的背景下成为过度建设、缺乏绿化的重灾区。大量针对日照要求进行"强排"、仅达绿化率下限的居住区建设导致了城市居住区及其周边热环境的恶化 [137]。

综上所述，多种要素的叠加效果使得城市热岛现象愈发明显，已经成为和雾霾、可吸入颗粒物、酸雨等并列的城市环境灾害 [198]。

1.1.3 城市升温对居住生活的影响

相关研究表明，在全球气候变化与城市热岛的双重作用下，城市夏季高温将成为一种常态。城市长时间的高温会对人体健康造成严重的危害。这一危害已逐渐被人们所重视。尤其是在医学视角下的研究，学者们将这些因为夏季高温造成的健康危害划分为直接危害与诱发危害两部分 [43]。

（1）城市高温造成的直接危害疾病主要包括：中暑、心脑血管疾病及其他间接疾病 [136]。

据相关报道，2003 年欧洲出现的夏季热浪对当地居民造成极其严重的危害。根据不同的统计方法，受夏季热浪直接或间接影响而造成的死亡人数最多或达 7 万人。广州市 120 急救中心数据显示，2003 年 7 月广州市出现了连续 7 天的高温现象。其间中暑及热伤风的病人日均 220 人以上，120 的出车次数也创历史最高纪录 [43]。

（2）城市高温造成的诱发危害主要包括：城市水电供应紧张及生产生活事故。

除医疗行业外，许多行业也受到了城市夏季高温的影响。其中，市政设施受到的冲击最为明显。2013 年上海市供电部门预计夏季最高日用电负荷为 2800 万 kW，但是当年 7 月份的日用电负荷超过 2800 万 kW 的日数达 11 天，更有 3 天的日用电负荷超过了 2900 万 kW。因此多日出现了局部的断电与限电，对生产生活造成了明显的影响 [7]。与此同时，城市供水也出现供不应求的情况。我国各大城市每年夏天都会出台应急工作预案，但是每年依然会出现城市局部断电、断水的问题 [11]。

高温及热辐射会影响人类的中枢神经，最终导致工作能力、动作准确性、反应速度的下降，从而导致了生产生活事故的多发 [5]。根据我国国家气候中心的相关研究，这一情况不但会持续存在而且在未来还会越发明显。预计到 21 世纪末，因为极端高温导致的危害事故发生率将会是目前的 5 倍 [51]。

综上所述，虽然欧洲是最早建立城市气候监督体系的地区，但是较为完善的气候变化预防体制依然无法及时响应热环境的恶化。广州市、上海市是我国发展起步较早、城市建设较为发达的地区，也无法从容地面对城市夏季高温危害。在这一现实背景下，我们必须要关注于如何能对热环境进行必要的改善。

因此，如何营造一个健康的户外热环境也就成为城市规划从业者在未来的研究工作中必须要考虑的问题。作为户外活动发生的主要区域，对居住街区户外热环境的改善显得尤为重要。

1.1.4　绿化种植对居住街区热环境改善的重要作用

为了改善户外热环境，很多学者都从各自的专业角度对相关问题进行了解读并提出了相应的建议与意见。其中，从城市角度出发的现有解决方法可以划分为减缓性策略和适应性策略 [158]。减缓性策略主要指通过减少温室气体的排放来应对全球性气候变化。适应性策略主要指通过更合理的城市规划来应对城市热岛现象。减缓性策略需要考虑的方面更多，涉及学科与领域也更广，就城市规划与设计专业角度而言，采用适宜性策略来应对这一全球性问题则更为契合。

从适宜性策略角度出发，植被、下垫面以及城市结构等方面对热环境的改善已有较为广泛的研究 [116, 170]。绿化则是和城市规划与设计联系最为紧密的一种针对城市热环境的改善途径。因为绿化存在见效快、人文效益高的特点，近年来如何通过绿化对热环境进行改善受到了更多的关注。

相关研究表明，无论从城市尺度（宏观）还是街道尺度（微观），合理的绿化模式都可以高效地改善城市夏季热环境 [84, 151, 211, 216]。

就宏观尺度而言，绿化率对城市热岛现象尤其是表面热岛的缓解作用已经被大量的现场实测 [203] 或卫星遥感数据反演 [81] 的方法所证实。虽然相关研究所针对的对象城市或区域有所不同。针对我国城市的相关研究结论表明，城市绿化率每增加 10%，城市热岛强度可以下降 0.20~0.57℃ [34]。

就微观尺度而言，植被对于周边环境的热交换原理已经有了较为成熟的发展并获得被普遍认可的结论。通常认为，植被可以通过遮阴、反射短波辐射及蒸腾作用对周边热环境起到积极作用。微观尺度的相关研究，对象通常都是分散、割裂的，如针对行道树的相关研究表明，10m 高度的行道树是对周边热环境产生有利影响的最经济选择 [211]。但是在针对商业步行街的研究中则发现，植被的高度对步行街热环境的影响效果明显弱于绿化率的增加 [138, 139]。

在有些研究中还发现，绿化的增加并不一定都会对热环境产生积极的效果[21]。

众多的研究从不同角度、专业提出了绿化诸多的积极作用，也造成了城市设计行业在进行相关政策或项目决策时缺乏有针对性的研究结论。虽然有着大量理论研究结论，但是在实际建设中却无法很好地被实现。西安市年鉴资料显示，2011 年西安市建成区绿化覆盖率为 41.2%。2013 年，该指标增加至 42.2%，2015 年则进一步增加到 42.6%，直至 2017 年达到 43.4%。但是上述 4 年的城区热岛强度分别为 1.4℃、1.4℃、1.9℃、1.6℃。逐年增加的绿化覆盖率并未有效地降低城区热岛或减缓城区热岛的恶化速度。这一现象说明，在我国城市建设中，并没有充分地发挥出绿化对城市热环境的改善能力。造成这种结果的根本原因是现有研究缺乏有针对性的结论供城市设计行业从业者参考。

此外，长期以来，传统建筑学与城市规划学更加关注的是绿化的景观效益及其经济作用。对于绿化与微气候之间的关系缺乏研究，更没有深入地解读城市设计中的绿化要素与绿化对热环境的改善效果间的耦合关系。同时，从城市规划与设计角度出发，面向街区尺度的绿化规模、布局、类型等要素的规划方式也缺乏针对热环境改善的系统研究。这一特点会导致城市规划与设计的相关政策在制定时缺乏适宜的理论依据。因此，为了可以更科学地指导居住街区的绿化规划与建设，针对城市设计行业的相应理论研究是势在必行的[115, 117, 149]。

1.2 城市居住街区热舒适性相关研究的演进与前瞻

1.2.1 城市化发展中的居住区建设研究

城市化概念在 20 世纪 80 年代就已经被西方学者提出，John Friedmann 将"城市化"这一社会现象归纳为一种会对整个社会的物质、空间、制度、经济、人口等多方面产生影响的社会行为[99]。西方学者对于"城市化"或"城市化进程"的关注则更早。早在 18 世纪到 19 世纪的欧洲工业化高速发展时期就已经出现了现代城市化发展特征[88]。

Pacione 等人根据前人的研究总结出了城市化的定义并将这一进程归纳出三个层面：①伴随着人口数量的增加，城市规模产生了变化，城市内与城市周边的人口密度产生了明显的区别；②城市内人口密度高速提升会导致城市内部人口总数与周边快速拉开差距，形成明显的"人数差"；③随着城市人数差的产生，城市内部与周边人群的生活方式与社会结构都会出现差别。并逐渐形成"城市"与"乡村"两种完全不同的生产生活方式[159]。

我国最早进行城市化相关的研究可以追溯到 20 世纪 30 年代，胡焕庸发表了我国第一个人口密度等值线，即"胡焕庸线"[12]。这条人口密度线揭示了我国人口分布与城市分布的基本规律，后来也被广泛地应用在地理学和社会学的研究中。

虽然早在 1935 年就发现了我国人口分布特点，但是我国相应的城市化研究却并没有随之展开。早期的城市化研究都是依附于其他专业（如地理学）的，并没有将城市化作为一种社会问题来研究[10]。这一研究短板由吴友仁正式提出，并在其发表的《中国社会主义城市化若干问题》一文中进行了明确且深刻的分析[47]。随后，针对我国城市化领域问题的专业研究才逐渐展开。

1982 年，原国家计划委员会牵头开展了"京津唐地区国土总规划研究"，首次将城市化与城市化发展的相关问题延伸到了自然科学、人文科学领域[10]，并提出了我国城市化发展的相关定义，即国家人口、产业和主要生产要素在市场机制指导下，在城市特定空间内的流动和再配置。

我国相关研究的转变并非独立于社会背景环境，在这一阶段开展的有关城市化发展的科学研究是与 1978 年以来的快速发展离不开的。独有的经济发展方式使得我国的城市化发展与其他西方国家有所不同，这使得我们必须要明确我国的城市化影响要素与驱动要素才能进一步开展相关研究。在我国的城市化发展中，明显存在从农业转变为制造业的痕迹，在由农村转移到城市的过程中，我国城市人口的增长与就业岗位的数量出现了脱节[16]。因此，20 世纪80 年代，我国城市大量吸收了周边地方产业与地方剩余劳动力，通过转移农村劳动力的方法使城市发展进程中劳动力缺乏的问题得到缓解[28]。在此期间，我国城市化的研究对象主要包含：区域经济[33]、产业发展[19]、人口分布[46]、城市空间分布[55]等。这些研究仍然存在研究对象单一、数据源单一等问题。为了可以更好地总结我国城市化的发展特征，也出现了一些跨国的合作研究，综合考虑了我国的人口发展、工业发展与城市发展等问题[16, 59]。

然而，随着研究的深入，现有的城市化理论已经不能帮助解决我国城市化发展所遇到的问题[52]。为了解决这个问题，在 2005 年，《中华人民共和国国民经济和社会发展第十一个五年规划纲要》中提出了积极稳妥地推进我国城市化进程的部署。其中，明确指出了我国城市化发展研究应该充分考虑与城市化发展相关的影响要素和被影响要素，自此，城市化对土壤、水文、气候、健康等的影响才在我国逐渐得到重视[22, 25, 35, 57]。

在此期间，我国研究人员也对之前的城市化发展模式进行了反思，对适应于我国的"城市""区域""城市中心"等概念进行了探讨[29, 45]。一些学者指出，在 21 世纪，我国的城市化发展研究不应再局限于城市规模和经济建设，而应将研究重点放在"城市发展及人口分布""城市发展与社会资源利用"等方面[29]。这种反思产生的主要原因被学者们总结为"城市化发展的科学性远远低于城市人口的发展速度"[62]。产生这一问题的主要原因是我国城市在大量吸收农村人口进城务工的同时，他们中的很多人将城市视作"就业地"而不是

"居住地"，这使得我国在很长一段时间并不十分在意城市发展与规划的科学性[26, 60]。

随着城市化发展和城市居住人口的激增，城市居住区也在高速地建设着。在最初的住宅规划中，学者根据每人每天需要的氧气量推算出每人居住面积应该是 $9m^2$。这一数据的理论依据在现今而言存在许多纰漏，但是尽管如此，根据相关统计资料，1978 年，我国城镇居民的居住面积仅仅为 $3.6m^2$。到 1988 年底，人均住宅面积为 $6.1m^2$。远未达到当年推算出的"必需面积"。因此，随着我国经济发展的提速，居住区的建设势必变得更加迅速。到 2002 年底时，人均住宅面积已经增加到 $12.0m^2$，2018 年时更是快速发展到 $40.8m^2$（其中 2018 年的数据为住房的建筑面积）。

然而，在居住面积高速增加的背景下，是我国居住街区规划设计理念的滞后。"摊大饼""复制—粘贴"的居住区建设模式在我国城市建设中屡见不鲜。随着生活条件的改善，人们不再满足仅限于居住功能的居住街区。与生产生活相关的便捷性、舒适性被逐渐提上日程。此外，在我国现在的人均居住面积条件下，居住街区的建设已经足以满足舒适性的建设要求。

针对这一需求，围绕居住功能的生活配套设施建设也越来越完善。这一改变与居住建筑的发展关系很大，其中最为突出的内容包括两个方面：①随着高层建筑的发展，居住区内部出现了更多的"可用空间"。这些空间可以更好地为居民的生活提供更多的选择。随着建筑行业的发展，这些空间从最初的"绿化＋道路"模式演变为"绿化＋道路＋活动场"的模式。②裙房的大量建设。高层建筑周边的裙房为现在高层居住区的功能提供了更纯净的环境，居住功能的配套空间可以被裙房"隔离"在居住区外围的街道两侧。这一"居住区内部＋沿街空间"的模式是我国居住街区最普遍的方式。

需要说明的是，这一现象并不是仅存在于我国居住区建设中的。"居住区内部＋沿街空间"的形式在西方国家也被广泛使用。以欧美国家为例，这种将居住、商业、休闲、开放空间相结合的"Block"式的城市设计模式已经有了丰富的建设经验。人们通常认为，"街区"模式的建立是源于"邻里单元"规划模式而衍生出来的[71]。20 世纪 20 年代末，佩里针对欧美家庭生活的需求，提出了"社区应足以组织家庭生活"的城市规划理念。其中对于社区交通、商业及休闲娱乐服务的需求加速了"街区"的发展建设[18]。这一规划理念的提出通常被认为是对欧洲工业革命时期"田园风格"规划理念的反思。佩里充分考虑到城市化过程中交通的重要性与人类社区交往的需求，将传统的、离散的、独立的居住区建设理念发展成为综合的居住街区模式。20 世纪 30 年代，勒·柯布西耶提出了更为激进的"栅格化"城市规划模式，更加明确地表达了在城市规划中应该避免"枯燥无味的孤立"与"集体愿望的灭绝"[65]。

随着西方战后经济的高速发展以及城市居民对于社区优越性的认识，适宜"城市生活"的街区发展模式被西方国家所推崇。20 世纪末，针对城市社会生活的"新城市主义"规划思想被众多城市规划学者所认可，并在 1996 年的新城市主义代表大会上通过了《新城市主义宪章》。该思想提出：在城市规划中应该增加城市的核心作用，增加社区的多样性与活力，保护自然及人文环境等 [18]。此外，还明确了一个街区的尺度（600~1800 英尺，约合 180~550m）与核心目标（增加公共空间的利用率）[186]。这一理念在城市内部区域的建设中起到了非常重要的作用，对美国近年的城市街区规划指导思想产生了很大的影响 [53]。

与城市化发展已经趋于稳定的西方城市不同，我国的城市化仍然处在一个较高速度发展的阶段。传统的居住小区建设模式的弊端也逐渐在我国城市建设中被发现。如何避免重走西方城市建设中的弯路就成为我国城市规划从业者必须要面对的课题 [61]。现如今，为了适应城市街区的发展与建设，我国学者也从多种角度对于城市街区发展中需要面对的问题进行了梳理与探讨。就我国现阶段对城市街区发展的研究而言，从功能角度出发，包含适老化建设、医疗设施规划、中小学建设、户外活动场地规划等。从交通角度而言，包含了出行时间、出行距离、公交车站设置等。随着社会的发展，针对居住环境微气候的研究也逐渐被学者所关注，尤其是针对室外热环境的研究在近年越来越受到重视。

1.2.2　城市室外热环境特征及其影响机制研究

城市室外热环境主要面临两大挑战：全球变暖与城市热岛。大量的实测与模型研究都表明全世界的气候正在变暖。根据 Meinshausen 提供的预测模型，到 2100 年，全球平均地表温度将上升 0.3~4.8℃ [142]。根据联合国的相关报告，经历了半个世纪的高速发展，全世界 50% 以上的人口已经居住在城市里；我国城镇化水平到 2030 年也将达到 70%，城市人口将达到 10 亿人 [132，192]。

1. 宏观城市尺度上的热环境相关研究

现有研究显示，城市化与城市扩张是城市热环境变化的一个重要原因，会导致城市热岛效应更加严重 [163]。通常人们认为"热岛现象"是 Manley 首次提出的 [141]。然而，也有学者认为这个概念在更早的时候就被使用并描述 [95]。

同时也有研究表明城市扩张会使得大量的热量被更快地集中在城市内部 [213]。人们发现城市热岛效应不仅仅是由于城市峡谷形态的改变，还与车辆、空调等人为热排放有关。城市内部热环境的恶化主要归因于植被比例降低导致的蒸发冷却损失 [86，108，194，217]。Bowler 的相关研究表明，城市公园的平均温度可以较非绿化区低 1.0℃。他也指出仅仅从城市尺度的研究并没有对绿地类型划分及对描述模型进行严格的定义，这会影响相关研究的可靠性和可比性 [75]。

因为表面热岛数据易获取，我国在长时间内对城市尺度的相关研究主要集中在采用卫星数据来对比城市与周边区域表面温度之间的关系。许多学者从自己的研究角度证明了城市扩张对城市热环境的影响[86, 108, 194, 217]。例如，Weng 通过对北京市卫星数据的研究发现，城市化进程中的人为建设与经济发展会导致城市热岛的扩张，其中城市下垫面的改变与建筑的修建会导致城市地区对太阳辐射的吸收率上升，从而使得城市变成一个拥有高热容量和高放热能力的区域[200]。Chen 等人选取了 1990—2000 年珠江三角洲的 Landsat 图像数据与土地利用数据，提出了快速城市化地区的表面热岛效应也最为严重的结论[81]。Li 等人对上海市区的表面热岛强度进行了定量研究，并提出城市不透水面的热效应应该被大家所关注[126]。与此类似的研究还有 Cui 等人对上海市土地利用率、土地覆盖率、城市绿化率等数值之间相互关系的研究，发现上海市热岛效应的加剧主要是受到建筑物数量的增加与耕地面积减少的影响[85]。

2. 中观区域尺度上的热环境相关研究

正如 Bowler 等人提出的观点，长期以来大量有关城市热环境特征的研究都是针对城市尺度的[75]。Schwarz 等人研究表明，具有更大建成区的地区或建设更加紧凑的城市内的热岛效应也会更加剧烈[169]。这一现状使得人们需要将研究视角拓展到区域尺度上。

Yang 等人根据城市形态变化对区域热环境的影响发现，在大面积分散建设的城市中，区域热岛效应尤为显著[210]。Zhou 等人通过对欧洲 5000 个大城市热岛现象的对比分析，提出小的、分散的城市建设模式对于缓解城市热岛现象更加有效[220]。产生这一特点是和城市形态密切相关的，主要原因是分散的城市空间布局会让城市拥有更加丰富的绿化或水体选择[89, 169]。Stone 等人对美国 83 个大城市的研究表明，自 1956 年至 2005 年，美国大城市每年产生的极端高温时间的增加数量是其他城市的 2 倍以上[179]。如果采用多中心的建设方式或改变现有景观格局后，城市内部的热负荷、地表温度和热辐射吸收量都会大大降低[174, 179, 221]。这些研究结论也被许多学者的研究相互印证。

我国的城市发展与西方有所不同，这也导致我国在中观尺度上的相关研究较少。但是仍有一些学者通过实测或数值模拟提出了城市形态的变化对城市温廓线的影响[195, 199]。Yan 等人研究了大尺度绿地对城市气温的影响范围与作用幅度[206]。

3. 微观个人尺度上的热环境相关研究

宏观尺度与中观尺度的研究虽然得出了一些结论，但是上述结论并不能直接用来改善城市居民的生活环境。近些年人们逐渐意识到了微观（个人）尺度研究的重要性与必要性，并对这一问题展开了相应的研究。其中较为重要且被广泛认可的结论有：城市建成区密度对城市热岛及城市内部区域高温有很大的影响[180]，低密度住宅区会给城市积蓄大量的辐射热能[94]。

为了减轻城市热岛效应，学者提出了多种解决办法。其中被业内广泛认可的有两点：①在相邻建成区之间增加绿色（绿化植被）或蓝色（水体）屏障；②在建成区内部增加绿色与蓝色土地占比[214]。

对于城市规划从业者而言，合理高效地采用规划可控要素则变得尤为重要。根据现有研究可以将这些要素划分为三类：城市空间形态、植被绿化、高反射率材料或水体。

（1）被学者研究时间最长、内容最丰富，成果也被广泛证实的研究内容是如何选择更合理的空间形态来改善城市热环境的。

最初的研究主要从街道峡谷出发，采用了较为方便统计与计算的街道高宽比（H/W）指标进行描述及对比研究[190]。然而，随着人们对城市更多的空间（如广场、公园等）开展研究后，更为复杂且完善的天空可视度（SVF）受到了学者们的关注[119]。现有研究中，被大家普遍认可的结果主要包括：低 SVF 或高 H/W 的城市空间内的热环境会较其他空间更加舒适，产生的原因是可以减少接收到的太阳辐射[78, 172]。同时，也有研究表明，随着 SVF 的增加，温度也会随之增加[203]。在白天，SVF 与气温之间正相关。随着 SVF 从 0.30 到 0.85，空气温度差会达到 1.5K[196, 197]。此外，虽然 SVF 较高的区域白天储热能力更强，但是夜间的散热也会更加明显。并且考虑到周边建筑或固体表面对长波辐射的吸收，开阔地区的热环境比紧凑地区的变化更加明显[197]。城市中有着大量、密集的人为产热，故而在针对农村的相关研究中，SVF 与空气温度也有可能存在负相关[107]。

我国学者也对相关问题在我国城市中的体现特征进行了研究。例如，Xu 等人通过对西安市大量气象数据的收集整理后，提出了相应城市空间形态与城市热环境之间的相互作用关系[203]。Chatzidimitriou 等人也提出了道路走向可以对街道热环境产生影响，这个特点产生的主要原因是不同走向的道路会导致接受到的太阳辐射不同[79]。

（2）针对植被的研究在近些年也受到了一些学者的关注。

尤其是随着 CFD 技术的引入，植被对热环境的影响方式已经逐渐被大家所了解，主要包括阻挡辐射、减缓风速、增加湿度三方面。

首先，植被可以减少其下方区域所接收到的短波辐射。通过叶片产生的阴影区域可以有效地降低植被下方的地表温度、空气温度与平均辐射温度。作为对白天热舒适性影响最大的一部分，平均辐射温度的下降可以有效地改善区域的热舒适性[118, 202]。

其次，植被对于空气流通的阻碍作用也被人们所发现。空气流通的阻碍会降低植被对白天热环境的改善作用，尤其是炎热季节的热环境。相关的研究证实，随着建筑密度的增加，植被对空气流通的阻碍效果越发不明显，反之亦然。

此外，也有研究表明，由植被造成的紧凑空间的平均辐射温度要低于开放空间，由此来证明植被遮阴的影响会大于对风速降低的影响。这些研究发现，阴影区域与暴露区域之间的风速差异约为 2.5m/s，然而平均辐射温度的差异则会超过 6.5K[68, 83]。

最后，则是由于植被的蒸腾作用导致的周边湿度上升，随着水分的蒸发，周边气温也会随之降低[187]。

我国对植被与户外热环境影响的相关研究起步较晚且较为零散。Zhao 等人通过研究卫星数据提出了绿化面积对热环境的影响 [218]。Cai 等人研究了福州市历年卫星遥感数据的变化后，提出了绿地的时空变化对区域热环境的影响 [77]。Yan 等人则通过对绿化覆盖率的研究提出绿化覆盖率的增加对区域热岛的减缓作用 [205]。此外，Yang 等人提出了行道树种植模式对街道行人层的热舒适性影响 [211]。Zheng 等和 Yan 等人分别从各自的研究角度，采用数学模型提出了植被种类与形态对周边热环境的影响 [207，219]。

（3）对材料反射率及水体的研究。

针对材料和水体研究的主要关注点是其对短波辐射的反射率。Chatzidimitriou 等人测量了 3 个道路区域在夏季的热环境特点，发现当反射率从 0.21 上升到 0.38 可以降低道路表面温度达 9.0K [79]。相关研究还发现，随着地表温度的降低，空间中的长波辐射也会降低。但是，根据研究人员的模拟计算，在街道峡谷中随着短波辐射的反射量增加，空间内的总辐射量仍然会有所增加 [184，223]。因为总辐射量增加，在这样的空间环境中行人的热舒适性也会受到影响 [208]。随着材料科学的发展，反射率更加多样的建筑材料也使得学者有机会进行实测研究 [165]。

Oke 提出了水体可以通过其特有的高热容量与高蒸发量对城市热环境产生影响。水体温度越低，空气与水面之间的温度梯度也会更大，这样也更有利于对流换热。由于水体不能阻挡太阳的直接辐射，水体对周边辐射温度的作用通常要远小于其他改善方式 [155]。

我国对材料与水体的研究与我国节能城市的发展有着较为密切的关系。Du 等人分析了严寒地区冬季室外三维辐射环境对热舒适性的影响。其中，提出了高反射率材料对短波辐射的作用与 *SVF* 对地面接收到的辐射能量进行了较为深入的阐述 [90]。Huang 等人则是通过对五种典型的室外地面进行的热环境测试提出了低反射率材料对户外活动的有利作用 [109]。Zhang 等人从热舒适性和降温需求两方面考虑提出了建筑材料与绿化的改善可以有效地减少学校供暖与保温的能源消耗 [215]。Weng 和 Yang 等人则分别从自己的研究角度得出了水体对周边热舒适性的影响能力 [201，209]。

总体而言，城市热环境的产生原因非常复杂，不同地区可以采用的城市规划要素也各有不同。无论是城市空间形态还是植被种植方式，都应该针对不同气候条件与城市建设总体规划来综合考虑。

1.2.3　热环境对城市居民生活的影响研究

随着针对热岛效应研究的深入，更多行业的专家学者从不同的角度对热岛效应的产生及其影响进行了研究。其中，与城市居民关系最密切的是严重的热岛效应会对城市的户外热环境与城市居民的健康产生影响[134, 201]。

城市户外空间形态会对城市居民的身体与心理上产生影响，尤其是在高密度建设区域中，户外空间会对城市的宜居性与舒适性产生更加明显的影响。在全球整体变暖的背景下，城市户外热环境对城市居民健康产生的不利影响则变得更加严重。根据相关报道，2003 年夏天，欧洲热浪导致整个欧洲直接或间接死亡人数达到 2.5 万 ~7 万人[222]。2009 年墨尔本产生的连续 4 天的热浪直接导致 374 人因高温疾病死亡[111]。对于有着良好的天气预警以及避暑手段的发达国家，夏季高温环境都会造成如此巨大的人力、财力损失，对于发展中国家而言，这一损失更无法估量。

首先，从居民健康角度而言，日本的 Takano 等人根据 3144 名老年人的 5 年存活率进行的相关研究表明，在拥有良好的室外活动空间或步行条件的城市中，老年人的寿命较其他地区更长，且慢性病发病程度也更轻[183]。Maas 等人也对荷兰 1089 名城市居民的身体健康状况进行了跟踪研究。结果表明，户外绿地越多的社区内居民的生活幸福感越高，心理疾病发病率也更低[140]。此外，一切的户外环境营造离不开对户外活动场地热舒适性的改善，户外绿地热环境与社区居民身心健康的相关性已经被学者所证实[131]。

我国针对室外热环境与身体健康的研究主要集中在体育学中。郭曾明等学者提出了户外热环境的变化对运动员的身体机能与不同运动效果之间存在明显的关系[8]。陈露与尹继福则分别研究了夏季室内热环境与室外热环境对人体机能和健康的影响[3, 54]。此外，余健等人则从医学角度提出了热环境对病人新陈代谢功能的影响[56]。

其次，从经济角度看，改善户外热环境也对城市节能有所帮助。Davies 等人和 Hirano 等人分别研究了城市整体温度的下降对降低建筑物冷却负荷的有利作用[87, 105]。我国的相应研究也表明，当人们花费更多的时间在户外时，对空调机和其他电子设备的使用时长也会相应减少[121]。

1.2.4　改善城市居住街区热环境的相关研究

作为与城市生活关系最为紧密的一种城市空间，城市居住区的热环境直接影响人的身心健康。良好的户外热环境可以为城市居民生活提供更多的可能性与选择性[168]。因此，针对城市居住区热环境的营造与改善引起了多国学者的关注[66, 121]。

这部分研究大致可以分为道路空间与街区内部两部分。其中，Ali 等人与 Johansson 利用数学模型分别研究了不同道路高宽比对炎热地区街道空间的热舒适性环境[67, 112]。Taleghani 等人对 5 种典型的城市空间（其中包含代表居住区的空间类型）中户外场地的夏季热舒适性进行了研究[185]。Srivanit 等人提出联排别墅的规划布局形式会对户外热舒适性产生影响[177]。类似研究较多，虽然没有明确说明是为了改善居住区热环境，但是相应计算模型的现实环境均是以当地典型居住街区为基础的。

我国学者也对这一问题有所关注。他们从各自研究角度出发，为我国多种气候类型城市的居住区户外热环境营造提出了相应的建议[17, 80]。我国的相关研究呈现出了非常明显的地域特征，对于我国夏热冬暖地区、夏热冬冷地区与严寒地区的研究要明显多于位于其他热工分区。例如，Li 等人和 Fang 等人分别采用模拟和实地调研方式探讨了夏热冬暖地区的街区热舒适性环境影响要素与机理[96, 127]。Zhang 等人则探讨了武汉市乔木种类对居住街区的热舒适性影响[216]。Leng 等人以哈尔滨为例研究了冬季严寒地区的居住区户外活动场地热感受影响要素[125]。

在这方面的研究中，中外学者都没有将居住街区单独进行研究，而是将其归为"城市中的某一类空间类型"。这一问题在早期的研究中非常明显。但是随着近两年学者对相关研究的细化，也出现了一定数量专门针对居住区的研究。例如，Mi 等人与 Yang 等人就分别从各自的角度研究了绿化对居住区热环境的改善与这种改善效果的经济代价[143, 212]。

1.2.5 绿化对城市热环境改善作用的研究

如上节所述，城市绿化是可以对热环境产生有利影响的。为了可以更深入地剖析这种改善方式的优缺点，国内外众多学者从多种角度对其展开了研究。

从城市宏观角度出发，有关学者发现，城市绿地的增加可以相应降低城市不透水面的占比，从整体上改善城市热岛现象[104]。Morakinyo 等人提出，无论绿化所处的区域或者形态，只要植被面积增加都会对区域热环境产生积极影响[149]。Lee 等人从整个城市角度出发，认为植被绿化可以让城市对应区域的温度平均产生 1.1℃的下降幅度，这一变化在生理等效温度中更加明显，平均降幅可达 7.5℃[124]。Duarte 等人在研究中指出，集中绿化可以更好地改善区域热环境，但是从城市角度而言，更加"均匀"分布的植被才是最佳的选择[91]。此外，Elbardisy 等人还关注到了绿地边缘植被的重要性，提出在绿地面积相等的情况下，优化边缘植被的布局形式会显著改善区域热环境[93]。

我国在城市尺度上的研究与国外学者的研究进度基本一致，尤其是近年来随着卫星遥感技术的大量应用以及我国在城市气候图编制工作方面的快速发展，针对我国宏观尺度绿化改善效果的研究逐步深入。其中，王雪以城市绿地的空间分布特征与城市热环境为切入点，分析了两者的相互耦合关系[41]。王蕾等人基于卫星影像数据的处理，研究了我国长春市绿化与城市热环境间的相互关系[40]。唐鸣放等人则进一步拓展研究对象，以山地城市为背景，探讨了绿化对热环境的影响[36]。此外还有众多关于我国其他地区城市的相关研究，几乎覆盖了我国所有类型气候区中的城市[9, 15, 27]。

从中微观的角度出发，西方学者多角度探索了绿化对周边热环境的改善原因与作用机制。较为普遍的一种看法是，减少热空气的流量、增加蒸散量和增加遮阴是城市绿化改善周边热环境的最主要途径[101, 115]。就上述三种改善途径而言，部分学者认为提供阴影区是绿化对热环境改善的最主要贡献来源[123]，也有学者认为首要贡献是对短波辐射的反射作用[166]。此外，还有学者认为，从大尺度而言，绿化改善热环境的最主要作用是叶片的较低表面温度可以提供更好的区域通风效果[148]。有些学者认为绿化所处区域会直接影响绿化对周边热环境的主要贡献原因。例如，Hami 等人认为在大型开放空间中，绿化的遮阴效果对热环境没有明显的改善作用[101]。但是，当处在建筑较为密集的区域时，绿化的遮阳作用则会变得重要。此外，有学者从植物学角度出发，发现了绿化的叶面积指数、植被高度、树干高度、树冠高度和树冠宽度等形态指标也会影响绿化对热环境的改善效果[150]。此外，植物也会通过影响区域风速、风向来调节气候环境，该调节效果同时存在积极与消极的方面[161]。

Lu 等人经过研究发现，所有的绿化方式都会对热环境起到一定的作用[135]。例如绿化屋面、绿化墙壁、公园草坪等都可以对城市热环境改善起到积极作用的。Zhang 和 Bokel 等人提出了绿化在建筑密集区中对热环境改善效果要强于开阔区域[215]。虽然持这一观点的学者人数较少，但仍然可以和 Hami 等人的研究相互印证[101]。此外，Zhang 等人提出了树木"长宽比"的概念，将其与叶面积密度相结合研究，认为树木的冠层形态是对热舒适性改善的主要要素[216]。Sun 等人则提出应该综合考虑树冠大小与树木高度才能充分提高其对周边热环境的影响效果[182]。这些结论都从各自的研究角度印证了 Morakinyo 等人提出的植被形态会影响绿化对热环境的改善效果[148]。

如上文所述，无论是宏观角度还是中微观角度，我国学者均提出了适应于我国现状的研究结论，这些结论也与全球其他国家的学者得出的有关绿化对城市热环境的改善效果的相关研究结论较为一致。

总体而言，绿化对热环境的作用效果在当前国内外的研究中尚有多种观点，但是也存在普遍被认可的结论。研究较为认可的要素包括叶面积指数、树高、冠幅和冠高，这些都会影响绿化对热环境的改善效果。树冠的几何结构、形态以及叶片朝向等要素影响植被对热环境的改善效果仍然存在争议。此外，不同遮阴模式以及风向和风力强度的变化也受到了部分学者的关注[101]。同时，中外学者在对绿地的数量和覆盖率的研究中也投入了大量的精力，但是对于植物的位置和方向却没有进行充分的探索。

1.2.6 城市绿化规划与设计方法研究

绿地对城市空间热环境的改善作用已经在近年被学者们重视，但是系统地对城市绿地规划展开研究则是到 19 世纪末 20 世纪初才逐渐展开。

最初关于绿化的研究是从生态学中逐渐展开的。Teaford 通过回顾 Wilson 的相关研究，评估了荷兰绿地景观隔离对森林鸟类群落的影响，展开了对绿地效益评估的研究[188]。Liisa 等人则研究了城市森林娱乐区对居民生活舒适度的影响[129]。综合定性与定量的分析，提出了城市绿地在经济、游玩、景观等方面的价值。关于绿地景观美学方向的研究主要产生在美国有关人文因素的探索中，相关研究非常重视绿地的尺度、色彩与形式搭配[37]。随着相关研究的深入，逐渐形成了景观评定程序法和比较评判法两种可以量化的绿地景观评价系统[23]。

随着城市化建设的发展，绿地规划的概念逐渐在城市园林的基础上发展起来。其中，美国为了减轻城市热岛效应，在城市建设中，开始重视屋顶花园的建设。20 世纪 90 年代，日本东京也出现了对建筑覆盖率与绿化率之间关系的研究[38]。但是这些研究都较为零散，直到 2000 年，《"21 世纪城市"会议——关于城市未来的柏林宣言（2000 年 7 月 6 日）》才正式提出了城市绿地的规划原则，即生态性、文化性、自然性、区域性、生物多样性与人居环境舒适性[4]。虽然绿地的人居环境舒适性被提出，但是相应的理论研究依然较少。这些研究更多的还是体现在对城市热环境与建筑节能方面[97, 130]。

我国对于城市绿化的理论研究可以追溯至 1990 年钱学森提出的"山水城市"概念，其中就涉及城市生态学、气候学、美学与环境科学等多种理论[6]。2000 年，建设部颁布了《创建国家园林城市实施方案》与相关评价标准。这一实施方案的颁布直到今日都是我国最重要的城市绿化规划设计导则，其中绿化覆盖率与人均绿化率对现在的城市绿地建设产生了很深的影响[39]。

近年来，随着景观美学逐步被重视，在城市绿化建设中，美观要素受到了大家更多的重视[48]。劳里·欧林根据欧洲事务所的实际项目经验，对景观规划中涉及的道路、排水系统、资源和自然保护、野生动物栖息、社会空间以及建筑位置等多种问题进行了全面的阐述[64]。王云等人对城市道路中的景观美学进行了研究[42]。上述研究都是以景观美学为出发点，随着我国对绿地研究的深入，景观对建筑的影响与二者的结合方式也逐渐得到了一定的关注[50]。

1.2.7 CFD 模拟技术在城市热环境研究中的应用

随着人们对城市建设与气候相互作用关系认识的发展，针对城市微气候的研究受到更多的重视。微气候作为和人们生活最为密切的部分，很早就有学者进行了研究。最初的研究多采用实地测量与观测的方法。随着计算机技术的发展，数值模拟的方法越来越流行，CFD 模拟也逐渐成为一种被广泛接受和认可的预测方法。

对城市微气候的研究大致可以划分为 3 个阶段[144, 145]。① 20 世纪 70 年代及以前，人们主要通过常规气象仪器对城市及周边温度进行观测。由此关注并预测了热岛效应的存在与发展；② 20 世纪 70 年代至 21 世纪初，人们采用了更为专业的仪器对城市热环境进行测量，通过对物理模型的实验与各种通量（如潜热通量、蓄热通量等）的测量逐步了解了城市形态与微气候之间的影响机制；③近 10~20 年，多种城市热环境模型的开发，促进了针对城市微气候大范围、高精度的量化计算研究。

其中，观测方法主要指田野调查与测量。同时也存在对热遥感（例如卫星图像）[146, 181]或小规模的物理模型的研究（例如风洞实验）。这种直观的观测方法时至今日仍然是城市微气候分析的重要组成部分[164, 167]。采用田野调查的测量方法是应用实践最为悠久的，已从最初的单点观测逐渐演变为现在的多点观测[162]。多点观测可以分为典型点观测与流动观测两种。Xu 等人在进行我国典型城市气候图的编制中就采用了典型点观测的方式并建立了相应的测量标准[203]。流动观测则通常将便携测量设备安装在汽车或自行车上对街道或户外绿地进行测量。例如 Klemm 等人就采用了将设备安装在自行车上的方式对荷兰乌得勒支的 9 条街道进行了连续测量[114]。Motazedian 等人采用将 GPS（Global Positioning System）全球定位系统传感器与移动监测站相结合的方式，记录了精确时间空间信息与对应的测量数据[151]。

因为卫星遥感数据可以快速获得大范围的同时刻地表温度数值，遥感数据在很长时间内都被人们用来研究城市热环境。但是遥感数据也存在明显的劣势，其中对研究影响最大的是天气条件与垂直数据无法获得。这些劣势直接导致人们只能将遥感数据与其他观测方法相结合后进行相应研究[146]。

为了可以对更加"纯净"的城市环境进行研究，一些研究人员在室内或室外建立了比例模型。例如，日本科学研究所在室外建立了 1∶5 的建筑模型[113]。这个研究方式后来被许多研究者借鉴，尤其是用来研究植被与水体对室外热环境的影响[110, 160]。但是，室外模型的边界、初始条件只能受制于室外环境，为了可以更加主观地研究各种气候环境，研究人员在实验室内建立了相应的比例模型。在风洞中对这类模型的边界条件进行控制，进行了大量对公园辐射、传热、蒸发和孤立高层建筑周边流场的研究[176, 224]。然而，受制于风洞实验的尺度，这种模型或因为比例较小导致精确程度不足，或因为建筑数量较少导致研究存在明显的劣势。

近年来，为了应对现场测量缺乏实验控制，且计算资源的可用性逐步增加，采用数值模拟的研究方法被许多学者所采纳。与传统观测方法相比，采用数值模拟可以对更多的场景进行比较分析，还可以弥补传统测量只能对比有限空间点的问题[146, 175]。其中，比较重要的组成部分即能量平衡模型（EBM，Energy Balance Model）与流体动力学计算（CFD，Computational Fluid Dynamics）。

相比 EBM 而言，CFD 有两个最明显的优势。首先，CFD 可以通过对速度场和温度场的耦合进行模拟。在现阶段研究中可以加入湿度场甚至污染物场。此外，CFD 计算还可以在较小的尺度上解决城市气候问题，尤其是针对行人层的研究[146, 190]。随着 Oke 提出的"城市能量基础"概念得到认可，能量平衡模型也逐渐被接受，这一模型已经成为当前研究城市热环境的基础[154, 156]。同时，因为 CFD 数值模拟可以在较为细致的尺度上对流场进行求解，这样的模拟仿真结果也能更好地反映现实环境[152]。

CFD 模拟最早出现在科学研究中可以追溯到 20 世纪 90 年代[69]。因为仿真模拟对计算能力的要求，真正应用在气象研究中则是 21 世纪之后。最初的研究主要针对的是建筑尺度与室内环境[73, 74]。近年来，随着计算资源的发展以及 CFD"实践准则"的建立，人们将 CFD 模拟逐渐应用在了气象微尺度或城市微环境中。通常这些研究被用作分析城市微环境对人的影响[72, 147]。

我国采用 CFD 模型对城市环境的相应研究起步晚于国外，但是随着我国近年来的快速发展，这一领域的研究也逐渐有所增加。韦婷婷与彭翀等人分别采用 CFD 模型分析了城市气候变化对城市或老城区风、热环境的影响[31, 44]。此外，彭翀等人还利用这一技术探讨了城市风道理论在大城市旧城区中的实行可能[30]。梁朋与祝新伟等学者则是采用 CFD 模型研究了街区尺度上热环境与城市规划间的影响[20, 63]。刘艳红等人在研究绿地空间格局对城市热环境的影响中也采用了这一技术[24]。与此类似的还有陈宏对建筑外墙绿化的相关影响[2]。

由于现阶段对城市尺度的 CFD 模拟研究仍在探索阶段，一般对模拟结果的验证还需采用风洞实验的测量数据[73]。然而随着研究的深入，使用现场测量数据对模拟结果进行验证的方法被学者更加推崇。现阶段通常认为有"至少一个与速度或温度场相关的参数进行模拟实测结果的验证"的研究就可以被认为是"有验证性的"[74, 146, 193]。通常，"有验证性"的研究结果被城市规划或城市气候学者用来对城市决策者进行建议。这样的结果也能更好地为公共资源的决策者提供理论依据及预测[173, 191]。

1.2.8　户外热舒适性的评价方式研究

在进行城市气候研究的同时，如何评价热环境就成为学者必须要解决的问题。因为缺少针对性学科，早期的研究仅仅是针对气象参数的测量，评价指标也主要是从温度演变而来[102]。等舒适线这一明显与气象参数相关的评价方式被学者广泛应用了近百年[13]。

为了可以更加准确地评价城市热环境对人的影响，除对气象参数的研究外，近年来许多学者将研究对象逐渐转换到城市居民的热感受方面。根据相关学者的研究，人体主要通过对流、辐射、蒸发和传导与周边热环境进行能量交换[120]。这类研究中，将之前城市角度研究中被忽略的热辐射、风速、湿度等要素进行了综合考虑[111, 191]。相关学者综合了服装隔热、人体活动水平、人的身体参数等要素进行了深入的研究，并建立了相应的热平衡模型来代替之前的"人体感受"[122]。

这一模型中包含：代谢率、生理活动散热、人体净辐射、对流热通量、皮肤散热通量、呼吸作用热通量、汗液蒸发热通量与人体储热量。平衡模型如下：

$$M+W+R+C+ED+ER_e+ES_w+S=0 \tag{1-1}$$

式中　　M——代谢率；

　　　　W——生理活动散热；

　　　　R——人体净辐射；

　　　　C——对流热通量；

　　　ED——皮肤散热通量；

　　ER_e——呼吸作用热通量；

　　ES_w——汗液蒸发热通量；

　　　　S——人体储热量。

根据人体热平衡方程，人们将4个气象基本参数（气温、热辐射、湿度和风速）整合进"等效温度"中，并由此来评估人体的热应激与城市热环境。"等效温度"的种类较多，但是可以被普遍定义为"参考了周边热环境的环境温度对引起标准人产生同等生理反应的温度"[178]。近年来针对室外环境使用最广泛的"等效温度"包括：生理等效温度 PET[106]、通用热气候指数 UTCI[76] 与标准有效温度 $SET*$[100]。随着机制模型逐渐被人们所接受，以热平衡模型为基础的评价方式的适用范围已经远超越了以直观气象参数为核心的经验模型。与此同时，人们也发现了这类机制模型中存在的一些缺陷，主要包括两方面：①室外热环境是非稳态的，其中的能量平衡也必定是随时在变化的。人们只能采用某一时刻的热舒适性来评价一段时间的热舒适性。②基于人体热平衡为出发点的评价体系必定会使得其精确程度随着偏离平衡点的程度而明显下降[13]。总体而言，虽然"等效温度"存在一些缺陷，但在如今针对户外热环境的研究中还是被广泛认可并采用的。

虽然 PET 是由欧洲人体特征研究而得，但是现有研究表明在我国的许多地区 PET 都可以准确地描述人群的热感受。按照我国热工分区，这些研究覆盖了我国的严寒地区[82]、寒冷地区[128]、夏热冬冷地区[139] 与夏热冬暖地区[138]。

1.2.9　研究评述

纵观与城市居住街区绿化形式和热舒适性的相关既往研究可以发现，虽然国内外在文化、经济、社会发展等多种方面存在区别，但是现如今学者们所关注的问题却是相似的。众多学者从各自的专业与社会背景条件出发对相应问题进行了探讨。其中最主要的两个课题是：①城市化发展中的城市热环境恶化程度；②如何选择科学、高效的方式来应对该问题。

（1）城市化发展与全球气候问题已不再是一个新鲜的命题。国内外很多学者从多种角度探讨了这一问题的起因、表征与对人类生产生活的影响。

宏观角度的研究发现，城市化、城市扩张与城市热环境的恶化存在明显的相关性。并由此发现城市化发展中的城市下垫面变化、蓄热能力增加与城市产热增加是导致这一问题的主要原因。中观角度的研究发现，拥有更大建成区的地区或建设更加紧凑的城市内的热岛效应更加剧烈。因此需要在进行区域规划，尤其是大尺度绿化规划中充分考虑其对热环境的影响。微观角度的研究发现，较为重要且被广泛认可的结论是城市建成区密度对城市热岛及城市内部区域高温有很大的影响。

与此同时，学者也发现了城市热环境恶化会对人体健康造成极其严重的危害。此外，持续恶化的城市热环境还会导致城市能源的消耗增加并使生产事故率上升。

对于这一成因复杂且亟须解决的问题，学者们提出了"减缓性策略"与"适应性策略"两大类解决思路。因为"适应性策略"与城市设计的视角更为接近，众多从城市规划角度出发来改善城市热环境的课题被人们所重视。

（2）如何采用科学的应对策略则成为另一个研究重点。学者们深入探讨了与城市建设相关的众多要素中，哪些要素可以对城市热环境有明显的影响。如今被广大学者证实了可以对城市热环境产生明显影响的规划要素包括：城市空间形态、城市材料选择与城市绿地规划。以本书所研究的方向为例，学者们为了更好地厘清城市绿地对城市热环境的作用关系，分别从宏观、中观、微观角度探讨了绿化率对城市热环境的影响与产生机制（数量）、绿化分布变化对城市热环境的影响（区位）、植被类型选择与组合（形态）与植被对周边热环境的影响机制（能力）四大类问题。

与此同时，学者们也分别从研究对象与方法等角度深刻地剖析了这一问题涉及的各个方面：

（1）对研究对象的相关研究。

学者们从城市化的发展进程逐步明确了适应现代生产生活方式的城市建设模式，从而提出了有针对性的研究对象。就本书相关方向而言，最适应当下社会需求的居住区建设应采用街区式。

从居住街区发展历程可以发现，城市化的发展经历了从无序到有序，从分散到集中的过程。相关学者从经济发展、资源统筹等众多方面解析了每一个阶段城市发展与人居环境的主要矛盾。得出街区制的发展模式是当下最能体现社区发展诉求的相应结论。

从绿化规划与设计的相应研究发现，绿化作为城市组成要素，在很长的时间以来都被作为景观要素进行研究。城市绿地对经济、游玩、景观等方面的价值逐渐得到了更多关注。随着热环境关注度的提高，研究者们则逐渐发现了绿化覆盖率、叶面积指数等多种指标对城市热环境特征的影响。

（2）针对研究方法的相关研究。

因为针对城市热环境的研究涉及多个学科，故而也采用了不同的研究方法。在本书涉及领域内的主要方法包括实地测量、卫星遥感数据反演、WRF模型计算、CFD模拟等。其中，针对街区尺度的绿化研究随着计算资源的发展，近年来CFD技术被更多的学者所采用。同时，大量的研究也从不同的尺度与研究方向证明了这种技术的可行性与可信度。

虽然研究者采用了多种技术从不同角度分析了城市建设模式与城市热环境之间的相互关系，但是，现有研究中仍然忽略了一些影响要素的存在。就城市居住街区设计角度而言，主要缺失要素包括三个方面：①因缺乏对居住街区的整体考虑而导致的关联空间特征考虑不足；②因缺乏对真实建设项目相关要求限制的考虑而导致研究模型缺乏代表性；③因缺乏对居住街区热环境的综合评价而导致研究结论有局限性。

首先，这部分研究是将城市空间割裂进行分类并分别研究，忽略了城市空间的连贯性与相互作用。

在现阶段的研究中，分别发现了道路形态、建筑形式或绿化形式对街道或住宅小区的热环境影响程度，尤其是对于"街道峡谷"的研究已经进行10年以上。然而，居住街区建设理念中的一个核心要素就是增加社区的多样性与活力。无论是围合道路（街道峡谷）还是住宅小区（楼间活动场地）都是一个街区的组成部分。将二者割裂开的研究虽然可以获得更加纯粹、明确的量化结论，但是这样的结论无法真实体现一个街区的热环境特色。

其次，为了获得相应的量化研究结论，设计了许多脱离真实社会背景的研究模型。

就城市空间研究模型而言，以街道空间为例，研究人员通常会将其简化为两列连续的建筑。但是在现实建设中，因为日照等相关规范限制，是无法建设出类似空间特征的。此外，许多研究也考虑了道路角度或宽窄与其代表空间的热环境特征。在建立研究模型时，通常是简单地将研究对象进行理想化的旋转。这类研究往往可以获得非常良好的定量结论，但是却忽略了以当前城市地理气象条件为基础进行的设计并不一定适用于未来建成后的城市空间、环境特征。所有的设计均会按照所处区域、所处环境进行调整。这一问题在居住小区或某一限定地块内的体现更加明显。许多研究的对象模型已经完全有悖于我国相关规定甚至脱离现实。

就绿化研究模型而言，为了获得良好的定量结论，叶面积指数、绿容率等指数被引入，并由此获得了相应指标与热环境的相互耦合关系。然而缺少依据地单纯将其他专业指标引入城市规划设计研究中势必会导致研究结论无法在现实中进行应用，严重影响了研究结论的可操作性，导致研究脱离现实。

最后，在采用单一评价指标的研究中，学者们通常更加重视如何可以让研究区域获得最舒适的热环境，而忽略了对"非最优解"的研究讨论。

应对当前城市急剧恶化的热环境，相关研究更多的是关注于如何更明显地改善研究区域的热环境，却忽略了在实际建设中对"次优解"的讨论。然而，在城市设计中，需要考虑的要素绝不仅仅是如何获得更好的热舒适性。现实情况可能会导致热舒适性改善最佳方案无法实施。在针对市民生活的规划设计活动中，只有对人居环境的整体考量才能获得最适宜的解决方案。在面对这一现实问题时，需要在研究中为"次优解"的选择提供依据，从而提高研究结论的灵活性并增加其适应性。不能再单纯地采用对区域热环境最大限度改善或最大范围的改善的单一评价方式。

1.3 相关概念界定

1. 居住街区

由城市规划道路所包围，以城市住宅为主要建筑形式的居住功能地块。包含地块的围合道路区域与住宅楼群区域两部分。本书研究的对象包括近现代修建的多层、高层小区，不包含遗留保存下来的拥有古代规划特征的历史街区（图1-2）。

2. 热舒适性

本书研究的热舒适性仅针对城市夏季。后文中未明确说明而出现的"热舒适性"均指生理等效温度（PET）对应的热舒适等级。

3. 热感受

本书中未明确说明而出现的"热感受"均指生理等效温度（PET）对应的热感受等级。为区别于通常性描述，本书中将PET对应的热感受均采用其英文表述。

4. 绿化形式

本书中若无特殊说明，绿化形式均指种植模式与种植区域的总称。

5. 种植模式

本书中绿地种植模式包括植被组成类别、植被高度与植被间距三类。在针对由单一植被限定的绿地空间进行研究中，种植模式则不再考虑植被组成类别。

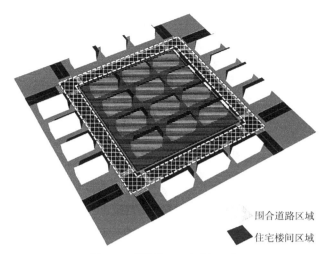

围合道路区域

住宅楼间区域

图 1-2　居住街区研究范围示意

6. 种植区域

本书将绿化按照种植区域与形态划分为围合道路绿化、楼间带状绿化和楼间块状绿化三类（图 1-3），针对每类绿化还考虑了多种种植布局。

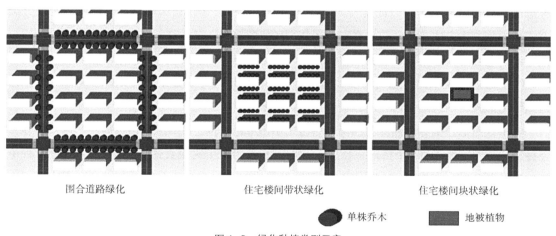

围合道路绿化　　　　　　　住宅楼间带状绿化　　　　　　住宅楼间块状绿化

单株乔木　　　　　　地被植物

图 1-3　绿化种植类型示意

7. 居住街区绿化类型

本书研究的居住街区绿化类型专指由地被植物、灌木、乔木组成的绿地类型。不考虑水景或以喷泉为主的绿化景观。

1.4　研究内容与方法

1.4.1　研究内容

本书通过"实测+模拟"的方法探讨了常见绿化形式对居住街区内人群主要户外活动时段的热舒适性的改善效果。希望为居住街区高效绿化建设提供理论依据及规划设计建议。

本书结合国内外相关的绿化与街区热环境研究，通过对我国城市居住区户外空间类型、绿化类型、周边热环境特点的调查研究，建立起有针对性的居住街区热舒适性研究模型；解析了居住街区中不同区域内的不同绿化形式对街区热舒适性的影响程度与范围，并在此基础上归纳总结出"针对街区热舒适性改善"的居住街区绿化形式与选型策略。

具体内容包括以下 3 个方面：

1）对适应居住街区热舒适性研究的街区绿化模型构建中涉及的街区空间类型、绿化类型的调研与归纳。

通过对不同类型居住街区热环境的实测调研，探讨了居住街区空间特征与绿化要素对热环境的影响。在厘清了居住区热环境与街区组成要素间存在影响关系后，明确了研究中需要考虑的街区建设要素。并以此要素为基础归纳建立起适合居住街区热舒适性研究的街区分类方式与绿化分类方式，从而建立本书的居住街区研究模型。

2）围合道路与住宅楼间两类绿化形式对居住街区热舒适性的影响程度与范围。

（1）通过设置不同行道树高度、间距与道路布局形式等参数组合，分析了居住街区围合道路绿化形式对街区热舒适性的影响与主要影响范围。

本书在对居住街区道路绿化的研究中考虑了由 6m、9m、12m 三种植被高度，以及树冠相连种植和树冠间距为 0.5 个树冠直径、1 个树冠直径、1.5 个树冠直径、2 个树冠直径的五种植被间距的行道树种植模式对居住街区热舒适性的影响。同时，还对比了在居住区周边采用一板二带式道路与二板三带式道路布局形式下的街区热舒适性分布特征。

（2）通过设置多种绿地的植被组成、高度、间距与所处区域等参数组合，分析了居住街区住宅楼间绿化形式对街区热舒适性的影响与影响范围。

本书中居住街区楼间绿化分为带状绿化及块状绿化两类。带状绿化即围绕在建筑周围，以区别建筑与街区其他场地的绿化。通常被称作"宅前绿化"。对于带状绿化考虑了其植被高度、植被间距与种植区域对街区热舒适性的影响。块状绿化是指住宅楼间有活动或景观作用的集中绿化。这类绿化又根据其使用功能及植被组成方式分为活动绿地、景观绿地及小游园。

对于块状绿化的研究主要考虑了植被组合形式、植被间距与种植区域三个主要问题。

3）不同类型居住街区的绿化设计建议及优化策略。

本书综合考虑了 4 个居民主要活动时段内，多种绿化形式对不同类型居住街区热舒适性的影响，并由此描述了各时段建议采用的绿化形式。根据对热舒适性的改善强弱提炼出各种绿化类型的首选形式、可选形式与最低绿化要求以应对城市建设中对多样性的需求。此外，对街区热舒适性影响较为复杂的块状绿化还提出了相应的建议选型流程。

1.4.2　研究方法

本书的研究方法主要包括理论解析、现场观测、数值模拟、定性判断与定量分析。

1. 理论解析

本书对城市居住街区热舒适性的相关理论及概念进行解析并限定，综合考虑了城市设计与城市热环境研究中绿化形式的常用分类方式，并根据居住区的规划设计特点，限定了相应的居住街区绿化概念。同时，本书还梳理了热舒适性相关理论，并确定了适宜的室外热舒适性评价方式。

2. 现场观测

现场观测有助于建立更加科学的居住街区模型，对于街区绿化模式和热环境的一手资料收集则可以帮助建立更加符合真实情况的 CFD 计算模型。

本书对西安市不同居住街区周边及内部的热环境进行现场测量。该测量结果可以为西安市城市居住街区热环境特征归纳与 CFD 数值模拟结果效度验证提供相应的数据支持。此外，本书还对西安市内居住区的规划特点及建筑形式进行调研，归纳出了西安市居住街区的常见形态。该结果可以为建立有代表性的街区计算模型提供现实依据。同时，本书还对居住街区周边全天人流量进行统计。该结果可以为归纳需要改善热舒适性的主要时段提供相应的理论依据。

现场测量数据被用于有关城市居住街区夏季热环境特征研究（2.3 节）、居住街区空间特征研究（2.4 节）、居民户外活动时间特征分析（2.5 节）与模拟—实测验证环节（3.3 节）。

3. 数值模拟

本书采用 ENVI-met 软件结合现场观测数据定量分析不同类型居住街区内不同绿化形式对热舒适性的改善效果，从而提取可以高效改善街区热舒适性的绿化模型并对比不同绿化形式的改善效果差异。此外，还结合现场实测数据对数值模拟结论的效度进行验证，并在现实模型中验证了定量理论研究所得出的结论。

模拟计算数据被用于模拟—实测验证环节（3.3 节）、道路绿化形式对居住街区热舒适性的影响分析（第 4 章）、楼间绿化形式对居住街区热舒适性的影响分析（第 5 章）与居住街区绿化策略在实际案例中的改善效果分析（第 6 章）。

4. 定性判断与定量分析

定性判断是科学定量分析的前提。本书采用定性判断的方法对居住街区绿化形式进行了划分，并按照绿化所处区域与功能将其进行分类，在明确了各种绿地类型后将其中的植被高度与植被间距进行量化，并通过相应的模拟计算结果量化分析绿化对街区热舒适性的影响，为居住街区绿地规划提出相应的理论依据。

1.4.3　研究技术路线

本书的研究技术路线如图 1-4 所示。为了提出基于热舒适性改善的居住街区绿化形式，在充分收集了城市相关数据以及对西安市居住街区进行现场测量后，建立了相应的研究模型与评价方式。研究思路大致可以分为 4 个阶段：

1. 针对研究目的的数据收集及现场测量

相关资料与实测数据的收集是建立科学研究模型的基础。其中，对居住街区周边人群的主要活动时段的研究可以归纳出需要研究的主要时段，由此为研究提供时间上的限定；对居

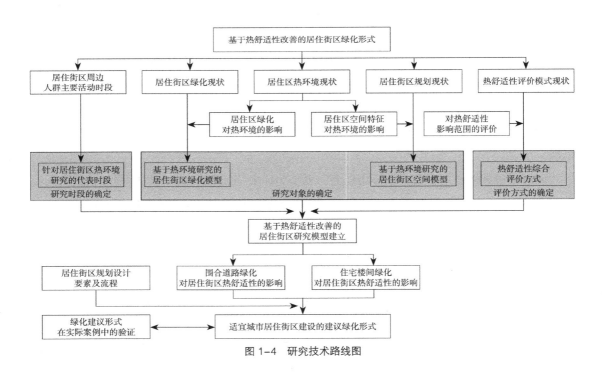

图 1-4　研究技术路线图

住街区热环境现状的调研，在综合了居住街区空间与绿化规划现状的情况下，可以归纳出基于热环境研究的居住街区空间模型与绿化模型，由此为研究提供空间上的限定；最后，对现有热舒适性评价指标的梳理，可以为建立适应本书研究特点的热舒适性综合评价方式提供必需的研究基础。

2.建立科学的研究模型

为了获得可以量化的研究结论，通过对相关资料及实测数据的总结提炼出了研究时段与研究对象。同时，在综合考虑了常用热舒适性评价指标特点与针对本书研究内容的评价指标后，构建出了相应的热舒适性综合评价方式。

3.梳理绿化形式对居住街区热舒适性的影响及作用机制

采用 ENVI-met 软件对建立的居住街区模型在采用不同绿化形式时的热舒适性特点进行分析，探讨了不同道路绿化形式与楼间绿化形式对居住街区热舒适性的改善效果。

4.归纳适宜城市居住街区建设的居住街区绿化形式

在厘清了绿化形式对居住街区热舒适性的影响后，提出了适宜城市居住街区建设的绿化形式，并在实际案例中对此建议进行了验证，总结出了相应结论。

第 2 章

城市居住街区夏季
热环境特征调查

2.1 西安市地理环境及气象条件特征

陕西省西安市地处我国腹地关中平原。市区平均海拔为 400m。西安市整体地形平坦，南高北低，北侧为渭河平原，海拔为 350~1200m；南侧直达秦岭山麓，海拔为 1500~3500m。市域范围内地形包括平原、丘陵和山地，城区地形以平原为主。这一地形特征对西安市的气候环境造成了影响。

西安市属于大陆性季风气候，冷暖分明，雨热同期。全年平均气温为 13.0~13.7℃，最冷月平均气温为 −1.2~0℃，最热月平均气温 26.3~26.6℃。根据我国建筑热工分区，西安市属于寒冷地区 B 类。正因如此，西安市长期以来在城市规划及建设中更多的是关注冬季的保暖问题，对夏季热现象并没有进行深入研究。根据 2016 年气象数据统计，西安市的夏季极热天气日数在我国 34 个省会城市中排第七位，前面的 6 个城市均为南方城市。

与此同时，因为西安市区与周边地形关系，西安市区地形空间呈现出类似盆地的特征。这种地形特征使得西安市区夏季静风天数较多。西安市夏季平均风速为 1.4m/s，静风频率为 27.7%，常年主导风向为东北风，但该风向夏季出现频率仅为 12%~19%。这样的风环境特点使得西安市无法高效地通过城市尺度上的风道营造来缓解市内夏季热问题。因此，考虑到西安市的地形特征，选择有针对性的绿化模式就成为最有效的夏季热环境改善方式。

2.2 西安市居住街区调查分析内容

本书的研究目的是提出居住街区适宜的绿化形式。为了可以得出科学、可量化的相关结论，需要建立一个有针对性的居住街区研究模型。这一研究模型需要可以代表西安市主要居住街区类型，并且还应符合对街区热舒适性的研究需求。除上述模型的客观要求，还需要研究居住街区的主观特点，即人群与该类街区的主要互动时间。

针对上述要求，本书将其整理成 3 个主要问题并加以调查研究：①西安市居住街区的热环境特征；②居住街区的主要户外空间特征；③居住街区户外活动的主要发生时段。

这三个问题的研究目的分别是：①针对居住街区热环境的研究是为了知道居住街区热环境与哪些规划要素存在关系，从而为研究对象的分类与研究模型的建立提供依据；②传统城市设计角度的城市分类方式无法满足对街区热环境研究的需要。在第一个问题的基础上，针对西安市的建设现状，提出适应于本书研究的城市空间分类方式，从而建立既可以涵盖西安市居住街区建设特征，又可以有针对性地对街区热舒适性进行研究的模型；③针对绿化形式对热舒适性改善的"适应性"特点，明确人与居住街区间产生相互关系的主要时段，从而让研究结论可以更有针对性且更加高效，避免因研究对象发生时间选择不当而导致的结论偏差。

就上述问题，依托笔者所在研究团队的调查，于 2015—2018 年对西安市的热环境与城市形态数据进行收集并整理。于 2019 年夏季中伏期间对西安市城市居住街区进行了相应的观测并收集相关气象数据。研究中对西安市的市区范围限定为西安市三环路围合的城市市区范围。

2.3 西安市居住街区夏季热环境特征分析

2.3.1 针对居住街区空间热环境的调研

1. 调查目的

该项研究主要针对前述第一个主要待解决问题。调查包括两个阶段：

第一阶段是研究的基础阶段。这部分的研究目的是从城市尺度上剖析居住用地的热环境变化特征。

第二阶段为研究模型要素的收集阶段。研究目的包括 5 个主要方面：

（1）从街区尺度上分析居住街区各区域的热环境特征；

（2）不同热环境特征受周边哪些规划建设要素的影响；

（3）在针对街区热舒适性的研究中，待研究的街区类型应如何分类；

（4）待研究的绿化形式中应考虑哪些要素；

（5）为后文验证计算模型的效度采集实测数据，以进行"模拟—实测"验证。

其中，前三项研究是本书 2.4 节的研究基础；第（4）项研究是本书绿化模型的建立基础，对应本书 3.4.2 节的相关内容；第（5）项研究针对的是本书 3.3.2 节的相关内容。

2. 调查时间

第一阶段的调查选择在 2015—2018 年的夏季。

选定每年夏季的晴天为调研日，每日调研时段为 6：00—20：00。其中，6：00 为日出前，20：00 为日落后，由此覆盖了全天不同时间段的城市热环境。

第二阶段的户外热环境的实测调研选择在 2019 年 7 月 24 日—26 日。

调研时段位于当年中伏期间。调研日当天与调研前、后日均为晴天。选择在这样天气条件的日期进行测量可以保证测量时段热环境的稳定，由此可以更好地体现西安市夏季热环境特征。测量时段为 6：00—20：00。

3. 调查对象

第一阶段的调查主要是根据笔者所在研究团队的相关研究，按照城市规划中用地性质划分方式，对城市不同用地性质的地块中代表区域的热环境进行了实地测量。针对本书的研究内容，选取了居住、商业、工业、教育四类有明显人为建设且有大量人群活动地块的夏季典型日数据。对应西安市不同类型地块的数量比例，居住、商业、工业、教育四类用地地块分别选择了 24 个、10 个、4 个、6 个作为代表进行实地测量，测点的分布情况如图 2-1 所示。

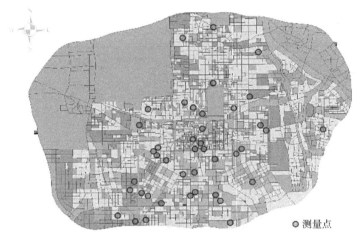

图 2-1　西安市不同用地性质热环境测点分布示意

第二阶段的调研主要根据建筑学中常用的居住区分类方式——多层、多高层混合与高层三类居住区进行实地调查。

2019 年 7 月 24 日测量区域为居住街区 B（后文中以 R-B 代表该街区）；25 日测量区域为居住街区 C（后文中以 R-C 代表该街区）；26 日测量区域为居住街区 A（后文中以 R-A 代表该街区）。其中，R-A 为纯多层住宅楼的居住街区，R-B 为同时存在多层住宅楼与高层住宅楼的居住街区，R-C 为纯高层住宅楼的居住街区。

为了让调研的街区可以更好地反映该类居住街区的热环境特征，选择上述 3 个街区时还考虑到了这些街区的周边街区的建筑形式也与其相同或相似。

就具体测点而言，在 R-A、R-B、R-C 三个街区内分别选择了 7 个、11 个、9 个测量点位。选择相应测量点的依据是保证覆盖每个街区的 4 条围合道路以及住宅楼间有无绿化的情况。测点可以因此划分为四类：街道（南北向、东西向两类）、住宅楼间（有、无绿化两类）、广场（有、无绿化两类）与小游园，具体测点见表2-1。

各测点所处空间类型
表2-1

空间类型		测点编号		
		R-A	R-B	R-C
街道	南北向	5、7	4、7、9、11	4
	东西向	4、6	5、8	5、7
住宅楼间	有绿化	2	2、3	3、6
	无绿化	1、3		1
广场	有绿化		6	
	无绿化		1	8、9
小游园			10	2

如图2-2所示，R-A街区内，4~7号点（后文中以R-A-4~R-A-7分别代表这些测点，其他测点简称方式以此类推）分别代表了街区外围4条道路，1号点代表了楼间绿化场地周边的空间，2号点代表了楼间绿化下方的空间，3号点代表了楼间无绿化的场地。

如图2-3所示，R-B街区内，4、5、7、8、9、11号点分别代表了街区外围道路，其中4号、11号与9号、7号分别代表高层住宅楼旁道路与多层住宅楼旁道路。1号点代表高层住宅楼间绿化场地，6号点代表多层住宅楼间绿化场地，10号点代表了较为开阔的绿化场地。2号点与3号点分别代表了高层楼间与多层楼间的区域。

如图2-4所示，R-C街区内，4、5、7号点代表了居住街区南、东、西三侧的街道空间。因该街区北侧为城市快速干道，该类道路并不是本书的研究对象，故而不对其进行采样。1号点与9号点代表了两侧均有高层住宅楼间的区域，6号点代表了单侧为住宅楼的区域。1号点描述了楼间高度绿化的场地，即小游园。3号、8号点分别描述了楼间是否在植被下方的活动场地。此外，图中无编号测点布置于被测街区外围道路中，且位于当日街区上风向处。该测点数据被用来描述被测街区的背景气象环境。

该次测量数据也被用在后文对模拟模型效度的验证中。

4. 调查内容

本书采用街区内不同区域1.5m高处的日间逐时数据对测点热环境进行描述。

第一阶段的调查采用环境温度进行热环境的描述。针对研究需要，提取了测量内容中各居住、工业、教育、商业用地测点的气温最低日值、最高值与平均值。

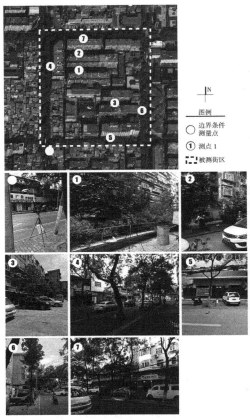

图 2-2　R-A 街区实地调研测点分布及现场照片

图 2-3　R-B 街区实地调研测点分布及现场照片

图 2-4　R-C 街区实地调研测点分布及现场照片

第二阶段的调查测量了温度与湿度。其中，温度被用来描述所处区域的热环境变化特征，在进行"模拟—实测"验证中，温湿度测量数据均被使用。

5. 调查方法

1）仪器

第一阶段的测量仪器采用了 T&D 公司的 TR-72Ui 型号温湿度计。该型号手持气象站对大气温度的测量范围是 0~55.0℃，测量精度 ±0.3℃；相对湿度的测量范围为 0~95%，测量精度 0.5%。

第二阶段的测量仪器采用了北京顺祥凯鑫公司生产的 KX-5 手持气象站。该型号手持气象站对大气温度的测量范围是 -50.0~60.0℃，测量精度

±0.2℃；对相对湿度的测量范围为 0~100%，测量精度 0.3%；对风速的测量范围为 0~30m/s，测量精度 ±0.3m/s；对风向的测量则采用的是 16 方位风向标。

2）测量方法

第一阶段的测量采用了多点同时测量的方式。在 2015—2018 年，每年夏季对选定测点进行测量。每日对 3~5 个测点同时进行测量，并保证所有测点可在夏季内测量完成。针对不同日的情况，采用了 Xu 等人提出的适宜西安市气候特点的改进归一化方式[203]。

第二阶段的测量采用了多点流动测量的方式。于 2019 年夏季对选定街区内的测点进行流动测量。每个街区同时采用 3 组进行测量，每个测点持续测量 5min，从而保证每个小时在前半个小时内均可完成所有测点的热环境数据收集。随后将该 5 分钟（min）测量数据作为对应时段的代表数据。这一方式也被广泛应用在针对城市或街区的热环境测量中。

2.3.2 居住用地热环境特征

根据笔者所在研究团队的调研数据，选取了其中建设强度较大、户外活动较多的居住、工业、教育、商业用地的相关温度数据。为了可以从城市尺度上掌握居住街区温度的特征，分别将同类用地性质中的日均温度、日最高温度、日最低温度与日温度差进行统计并对比。

如图 2-5 所示，居住用地热环境主要存在三大类特征：

（1）温度跨度。居住用地的日平均温度、日最高温度与日最低温度的分布跨度在四类用地类型中均明显大于其他用地类型。其中，居住用地的日平均温度跨度为 16.6℃，高于位列第二的工业用地 4.4℃；日最高温度跨度为 17.2℃，高于位列第二的工业用地 5.2℃；日最低温度跨度为 17.7℃，高于位列第二的工业用地 4.0℃。

（2）温度分布特征。居住用地的上述三类指标的最大值与最小值分别为四类用地最大与最小的。居住用地的日平均温度、日最高温度与日最低温度最大值分别为 40.6℃、43.6℃、37.9℃，较第二高的工业用地高 0.3℃、1.4℃、0.6℃。上述 3 类指标的最低值分别为 24.0℃、26.4℃、20.2℃，较第二低的商业用地低 3.3℃、2.7℃、3.0℃。

（3）不同性质用地日温差。所有居住用地的日温度差可达 4.1~12.5℃。其中，最大温差仅低于商业用地，而高于工业级教育用地，尤其是明显高于工业用地日最大温差。在拥有第二大的最大日温差的同时，居住用地的最小日温差却是四类用地性质中最小的。

上述变化特征说明，住宅用地的热环境要明显较其他性质用地区域复杂（日温差大）。如果不对住宅用地进行科学规划，则会形成非常不利的热环境（日最高温度在四类用地区域内数值最大）。但是科学合理地对地区进行规划后，可以获得相对良好的热环境（日最低温度在四类用地区域内数值最小）。

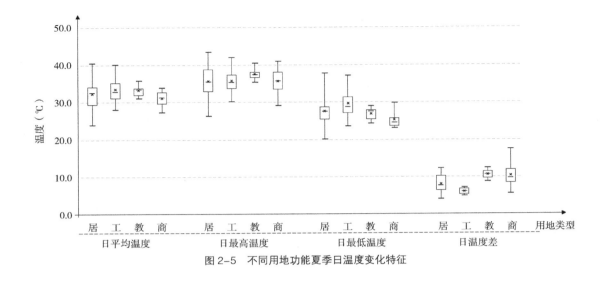

图2-5　不同用地功能夏季日温度变化特征

由此可知，不同的居住用地的热环境的差别非常之大。单纯将居住用地当作同一种环境是无法准确描述居住街区热环境分布特征的。因此，为了了解居住街区中哪些具体要素会影响其周边热环境，需要对典型街区的不同空间进行热环境测量。

2.3.3　典型居住街区夏季热环境特征分析

1. 不同日数据无量纲化处理

对3个街区的测量并非在同一日内进行，为了可以统一对比街区内的热环境，将数据进行无量纲化。

在本书中，将每个测量点的测量时段内数值的平均值与当日边界条件测量点的测量值的平均值相除，获得当日每个测点的平均温度与测量街区背景平均温度的比值（后文中将这一比值简称为"平均气温比"）。这一比值可以更加准确地描述某一测点与其外围温度的相对关系，从而消减因为不同日背景温度不同而导致的数据无法相互比较的劣势。在既往研究中也常用这一方式来对不同日气候测量数据进行归一化处理[92, 133]。

2. 居住街区不同区域的热环境特征

表2-2描述了处理后各测点的平均气温比。其中有两类特点最为明显：

（1）与背景热环境差别最大与最小的测点都处在街区内部的住宅楼群区域内。

这其中，差别最大的测点位于R-B的无绿化广场内（R-B-1，1.07），其次位于R-C的住宅楼间的绿化场地（R-C-3，1.06）、无绿化广场（R-C-9，1.06）及小游园内（R-C-2，1.06）。而差别最小的测点位于R-B的小游园内（R-B-10，1.01），其次则是位于R-B的有绿化广场（R-B-6，1.02）和有绿化楼间空间内（R-B-3，1.02）。

虽然绝大多数与背景热环境差别最大的区域均位于住宅楼群区域，但是在南北向道路中，也存在温度明显高于背景温度的情况（R-B-7，1.06）。

（2）住宅楼群区域平均气温比分布特征要明显较道路区域复杂。

如表2-2所示，三类街区的道路区域仅在R-B街区中存在次高的平均气温比，其余区域在整个街区中均处于比较中庸的水平。然而住宅楼群区域中，不仅存在整个街区最高的平均气温比，还存在最低的平均气温比。换言之，街区道路区域的热环境相对较为稳定，然而住宅楼群区域却有许多变数。这与道路空间形态连续、绿化方式单一的特征存在一定的关系。

不同走向道路间虽然总体变化较为稳定，但是也存在一定的差别。其中，3个街区的东西向道路测点间的平均气温比不存在明显差别，但南北向道路中却存在明显区别。尤其是R-B街区中，道路不同区域的平均气温比差别相对较大。住宅楼群区域的平均气温比差别较大，主要体现在测点有无绿化间的情况。

各测点测量时段平均气温比

表2-2

各测点平均气温比		道路						楼间			广场		小游园
		南北向		东西向				有绿化	无绿化		有绿化	无绿化	
R-A	测点	4	6	5	7			2	1	3			
		1.04	1.04	1.05	1.04			1.04	1.05	1.04			
R-B	测点	5	8	4	7	9	11	2	3		6	1	10
		1.03	1.03	1.03	1.06	1.05	1.04	1.04	1.02		1.02	1.07	1.01
R-C	测点	5	7	4				3	6	1	8	9	2
		1.05	1.05	1.04				1.06	1.05	1.05	1.04	1.06	1.06

由此可知，居住街区不同区域的热环境变化特征有着明显的区别，其中又以住宅楼间的热环境更为复杂。针对这一特点，需要对住宅楼间与街区道路区域的热环境分布特点及涉及的规划要素分别进行研究：

1）住宅楼群区域的热环境特征

如上节所言，住宅楼群区域的热环境特征与周边绿化情况存在明显的相关性。为了更深入地发现其中的影响作用，本节采用各测点测量时段内的温度变化特征进行描述（表2-3）。

（1）绿化的存在与否对周边热环境的影响。

就街区住宅楼群区域最高温的出现情况可知，没有绿化测点的最高温度均明显大于有绿化的测点。二者温度差距最大的情况出现在R-B-1（无绿化广场）与R-B-6（有绿化广场）

各测点测量时段内温度特征　　　　　　　　　　　　表2-3

各测点气温特征值(℃)		道路						楼间				广场		小游园
		东西向		南北向				有绿化		无绿化		有绿化	无绿化	
R-A	测点	4	6	5	7			2		1	3			
	峰值	40.6	40.5	40.5	40.2			38.3		39.4	39.8			
	谷值	27.2	26.2	25.2	26.5			25.9		25.7	26.7			
	平均值	33.8	33.8	34.0	33.7			33.6		34.1	33.8			
	中位数	34.7	34.6	36.2	34.2			34.9		34.8	35.0			
R-B	测点	5	8	4	7	9	11	2	3			6	1	10
	峰值	31.5	31.9	31.7	32.2	32.8	32.8	31.8	31.3			31.6	33.5	31.4
	谷值	26.4	27.2	26.1	27.5	26.9	26.1	28.4	26.9			26.1	28.1	25.4
	平均值	29.7	29.9	29.7	30.5	30.3	30.1	30.2	29.6			29.4	30.9	29.1
	中位数	29.9	30.0	30.3	31.0	30.4	30.8	30.3	30.0			29.8	31.1	29.5
R-C	测点	5	7	4				3	6	1		8	9	2
	峰值	37.3	37.9	37.8				38.3	38	39.5		36.9	39	38.5
	谷值	25.0	25.2	25.1				25.0	25.3	25.3		25.0	24.8	25.1
	平均值	33.0	33.0	32.8				33.3	33.1	33.0		32.8	33.4	33.4
	中位数	33.5	33.9	33.6				34.0	34.1	33.6		33.5	33.1	34.8

之间，达 1.9℃。对其他两个街区内住宅楼间场地的测量也都证实了绿化可以明显地减弱当日最高温度。在 R-A 与 R-C 中，有无绿化的情况下，温度差均达 1.5℃。

就平均值而言，没有绿化的区域（R-A-1）较有绿化的区域（R-A-2）的温度高 0.5℃。但是在 R-C 中，无绿化区域的温度却低于有绿化的区域。此外，R-C-1（无绿化）较 R-C-3（有绿化）低 0.3℃，但是 R-C-1 的气温最高值比 R-C-3 高 1.2℃。

就全天温度谷值而言，无绿化区域较有绿化区域最多会高出 0.8℃。

总体而言，植被的存在与否与种植方式对街区热环境存在一定的影响，尤其是对区域的全天温度较高时段的降温效果则更为明显。

（2）绿化与测点的相对位置关系对周边热环境的影响。

除前面所述特征外，在无绿化的测点中也存在温度较低的情况。R-C-8 案例是 R-C 中全天最高温度、平均温度最低的点。与此测点空间距离最近的 R-C-9 则出现了该街区第二高的最高温度与最高的平均温度值。二者均属于无植被空间，造成这一现象的主要原因是二者与周围集中绿化、住宅楼的相对位置关系不同。因此，绿化与住宅楼的相对位置对于周边热环境也存在明显的影响。

（3）绿化形式对周边热环境的影响。

无绿化的场地全天温度变化幅度通常大于有绿化的区域。例如：R-A-1（楼间无绿化）较R-A-2（楼间有绿化）的全天温差大 1.3℃，R-C-1（楼间无绿化）较 R-C-6（楼间有绿化）的全天温差大 1.5℃。但是在广场空间中，二者区别却并不明显。R-B-1（广场无绿化）较R-B-6（广场有绿化）的全天温差仅小 0.1℃。

二者存在明显不同特征的主要原因是：区域中住宅楼间的绿化是带状布局的乔木或较低的乔木所组成的空间，而广场或开阔空间中植被种类和绿化形式则比较多样，不但有形成阴影区的乔木，还有构成景观或划分空间用的灌木与地被植物。多样化的绿化组合形式使得绿化与测量的相对位置更加多样化。这种存在明显不同绿化形式的空间特征使得笔者在研究中需要对住宅楼间的带状绿化与广场中块状绿化进行区别研究。

综上所述，为了更好地营造居住街区的热舒适性，本书对楼间不同绿化形式的规模、布局进行综合研究。只有协调各个要素才能对街区热环境进行高效的改善。

在采用常用的规划手法对街区绿化进行设计时，通常需要考虑其功能与区位两个要素。功能要素在绿化形式中主要体现在绿化的布局与规模、植被的选择与搭配两个方面；区位要素则体现在绿化与居住街区的相对位置、绿化与周边空间或建筑的相对位置两个方面。

在考虑到上述两个特点的情况下，根据我国居住街区建设现状中最常见的区域绿化组成形式，本书按照绿化的形态将居住街区住宅楼间的绿化划分为带状绿化与块状绿化两类进行研究。此外，针对块状绿化多样性较强的特点，按照其使用功能细分为活动绿地、景观绿地与小游园。同时，还考虑了绿地在居住街区中的种植区域。

2）周边道路的热环境特征

周边道路的热环境较住宅楼群区域更为单一稳定，如表 2-3 所示，总体而言呈现出了 2类特征：

（1）道路区域全天温差幅度较大。

全天温度变化幅度最小（R-B-2，3.4℃）的测点出现在住宅楼间，全天温度变化幅度最大（R-A-5，15.3℃）的测点则位于围合道路中。在 3 个街区中，R-A 与 R-B 全日温差最大的点均为街区南北向道路中的测点（分别是 R-A-5 与 R-B-4），R-C 街区南北向道路 R-C-4也存在 9 个测点中第四大的全天温差。

（2）道路区域内部的热环境差别较小。

如表 2-3 所示，道路内各测点的最高温度与平均温度之间的差别较街区内部空间更为简单。道路内各区域最高温度的差别最大的情形出现在 R-B 案例中，为 1.3℃；R-C 与 R-A 案例的区域最高温度差别则明显较小，分别为 0.6℃与 0.3℃。

导致这一结果的原因是我国道路建设中通常都是采用连贯的线形布局，一条道路内通常采用同一种道路截面形式。各个测点之间出现温度差异的主要原因是行道树树荫并不连续。由此可知，对于街道热环境影响要素的研究主要应关注行道树高度和种植疏密程度。

综上所述，对西安市典型居住街区户外热环境测量可以发现，在街区不同空间中，绿化形式、绿化组成与绿化所处位置等诸多因素都会对周边环境产生影响。这种影响不仅会对区域内的温度产生影响，还会影响对应区域的全天温差。

总体而言，居住街区热环境最为复杂的情况出现在住宅楼间。因为不同户外区域需要承担的功能有所不同，其平面布局、绿化形式等要素也都各有不同，由此导致的不同区域热环境也会各有不同。这也说明，传统规划中单纯以建筑高度对居住街区的划分方式，是不足以用来对居住街区热环境进行研究的，需要一种可以描述住宅楼间相互位置关系的城市居住街区分类方法。

相比住宅楼间，街区围合道路内的热环境则较为稳定，但是行道树的高度与种植密度也会对其热环境产生相应的影响。这就要求在对街区围合道路进行规划设计时需要考虑到相应的问题。

2.4　西安市居住街区空间特征分析

2.4.1　针对居住街区空间类型的调研

1. 调查目的

本书 2.3 节相关调研结论表明，目前建筑学中常用的对街区分类方式不足以充分描述街区绿化与热舒适性之间的关系。为了建立一个适宜研究街区绿化对热舒适性影响的居住街区模型，本书需要建立一个有针对性的、可以描述空间分布特征的居住街区分类方式。

2. 调查时间

在这一部分的调研中，针对住宅楼布局方式的相应数据收集于 2017—2018 年完成，针对道路空间特征的相应数据收集则集中于 2018 年。

3. 调查对象

因为该阶段的调查目的需要，调查对象覆盖了西安市三环内（本书研究区域）的所有居住街区。在调查中，对于部分没有利用整个地块或街区的居住区则不进行调查统计，对于同一地块内由多个居住小区组成的街区视为一个居住街区进行相关调查。

4.调查内容

本节研究内容主要包括两个方面：①住宅楼的布局特征；②居住街区围合道路的布局特征。

如图2-6所示，对于住宅楼布局类型的研究只关注住宅楼的主体部分，对于不影响整体平面布局的凸出或凹陷等形体改变不予考虑。在对住宅楼布局类型进行划分时，不考虑高层住宅楼的裙房（或其他低矮的私建）部分。在对道路类型进行划分时，将道路简化为截面形式保持不变的连续线形空间。在对截面形式的分类时，以每条道路两端与中心位置（图2-7中虚线所示位置）出现最多的截面类型作为该道路的截面类型。需要说明的是，在这部分研究中，不考虑十字路口放大开口所导致的截面改变，如图2-7中阴影框所示区域。

5.调查方法

对于城市居住街区空间特征数据的收集采用了规划图纸、卫星图形与实地调研相结合的方式。通过分析西安市城区范围内所有居住街区的住宅楼与周边道路的布局方式，归纳出了

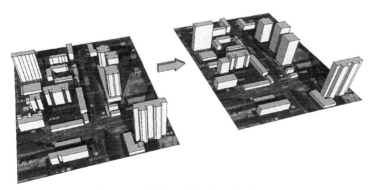

图2-6　居住街区住宅楼布局简化思路

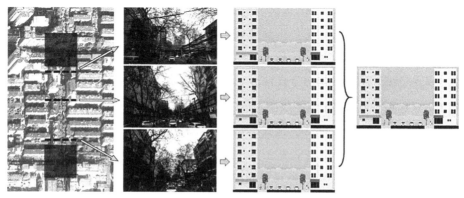

图2-7　居住街区道路截面形式简化思路

相应居住街区的空间特征。该部分调研结果可为后文研究建立典型的居住街区模型提供相应依据。

其中，城市规划底图来源于笔者所在研究团队相关成果。采用该底图来定位城市居住用地的区域。底图原数据来源于西安市规划局发布的西安市用地规划图（2008—2020年）。卫星图形用来对居住街区的空间布局进行分类。卫星数据来自笔者所在研究团队相关研究中对 Landsat 8 卫星 2018 年 8 月 26 日 3 时卫星数据的反演。实地调研主要针对道路绿化及道路形式等无法通过卫星图形清晰阅读的区域。

2.4.2 西安市居住街区住宅楼布局特征

1. 西安市居住街区住宅楼布局方式的变化历程

我国对居住区概念的引入可以追溯至 20 世纪 50 年代。中华人民共和国成立后，城市也进入了有序的发展建设中。当时苏联所推崇的"居住街坊"模式在我国被大量地借鉴与推广。西安作为汉唐古都，自古在城市规划中就采用了"九宫格式"横平竖直的街坊制模式。在这一时期，更是非常良好地契合了当时的建设思想，以城市道路围合的地块总体规划思想一直延续至今。从城市整体角度出发，西安市全市域均被南北向与东西向道路所划分，整体呈现出了明显的"秩序感"与"条理性"。其中"秩序感"体现在这一地块的城市建筑布局方式。因为我国传统思想中对"归属感"的需求，在当时建设了大量的围合式居住区。"条理性"体现在道路的贯通性。城市尺度的快速干道与地块尺度的街道层次分明，绝大多数路口均为"十字"形式。这一时期的建设主要集中在西安市老城区，即西安市城墙内，以及周边的工厂区家属大院。

改革开放后，我国将住宅建设列为经济建设的重要组成部分。在 20 世纪 80 年代起的建设中，人们已经不再过分地追求布局上的形式感。建筑的朝向、通风等要素重新被大家逐渐重视。1986 年，我国开始推广居住小区的建设模式，一批"城市住宅小区试点"与"小康住宅试点"等项目在全国建设并推广。随着这一模式的深化，我国形成了"居住区—居住小区—居住组团"的居住区规划特色。根据不同人数规模所需要的配套设施来规划相应的居住小区规模，通常采用一个小学可以支持的家庭数量来确定居住区的规模。这种规划理念使得居住区规划明显地被公共服务设施所限定。在这一时期，受到现代主义建筑思想影响的建设模式中最常见的布局方式为行列式的板式建筑。不同于早期，在这一时期的建设中已经不再出现南北向布局的板式建筑，全市呈现出了"千区一面"的制式建设模式。

1998 年的住房制度改革使得这种呆板的布局方式有所改善，在由开发商主导的住宅开发中，景观设计、物业管理、社区活动等概念均被用来进行宣传。但是限制于"投资—回报"

的循环，如何在有限的土地上建设出最大规模的住宅建筑就成了新的"时代特点"。大量根据容积率和日照限制的"强排"居住小区被建设，这一特征也直接影响了现在的城市居住区布局特色。

2. 基于住宅楼相对位置关系的街区划分方式

根据笔者所在研究团队连续3年对西安市内居住街区相关数据的收集，发现在现在的西安市内，按照住宅楼相对布局形式可以将居住街区划分为行列式与围合式两类主要布局方式。

其中，行列式布局是将住宅楼东西向并列设置，再根据日照要求依次向北设置第二排住宅楼。这类布局形式广泛地应用在多层居住区的建设中，当居住区用地较为方正时，高层居住区也会采用这一布局方式。围合式布局是在行列式布局的基础上，利用街区东西两侧的南北向道路所提供的"日照有利区域"，在沿街区域以更紧密的楼间距来设置住宅楼。随后在街区内部日照条件允许的区域设置其他住宅楼。围合式布局又分为在更小的范围内获得满足日照要求的错列围合式布局与更类似传统行列式布局的均质围合式两类。

如图2-8所示，上述四类布局形式在城市居住区的面积占比为：非高层居住街区46.0%，均质高层行列式高层居住街区29.4%，均质高层围合式高层居住街区22.5%，错列高层围合式高层居住街区2.1%。

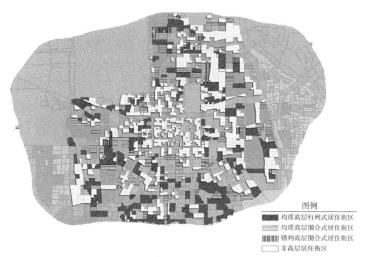

图例
均质高层行列式居住街区
均质高层围合式居住街区
错列高层围合式居住街区
非高层居住街区

图2-8　西安市居住街区分布特征

如图2-9所示，在西安市内有大量的非高层居住街区。这类居住区类型主要可以划分为三类：①西安市城墙内因为城市限高要求所建设的多层住宅区；②在城市周边工厂区家属院中；③因为城市建设导致的"城中村"等无序建设区域。

除去无序建设，西安市非高层居住街区的布局主要采用的均为行列式布局，这与建设时期的整体指导思想一致。这类居住区主要存在于西安市城墙内与工厂家属区中，相应布局方式的简化模型如图2-9所示。

此外，占比最高的居住街区布局模式为高层行列式。行列式布局的核心为符合标准的日照以及明确、规整的场地道路划分。这一布局特征使得该类住宅楼间存在明显的被围合出的场地，这也是可以进行绿化或广场建设的主要区域。相应布局方式的简化模型如图2-10所示。

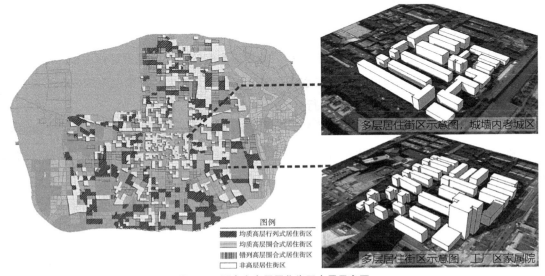

图2-9 西安市多层居住街区布局示意图

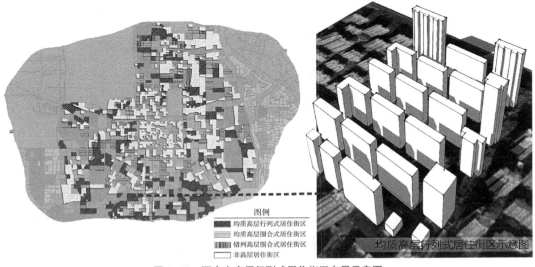

图2-10 西安市高层行列式居住街区布局示意图

围合式居住街区的建设出发点是"借用"更多的沿街日照，将街区外围住宅楼在符合其他建设标准（如最小视距要求等）的条件下尽可能地靠近，在街区内部满足日照等住宅楼建设要求的区域补充设置一列或数列住宅楼以进一步提高容积率。因此，围合式居住街区就会形成错列式与均质式两类。相应布局方式的简化模型如图 2-11 所示。

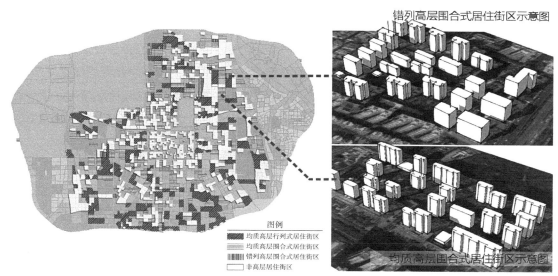

错列高层围合式居住街区示意图

均质高层围合式居住街区示意图

图例
均质高层行列式居住街区
均质高层围合式居住街区
错列高层围合式居住街区
非高层居住街区

图 2-11　西安市高层围合式居住街区布局示意图

随着社会的发展，高层居住街区已经是今后发展的主流与必然。无论是从城市集约化建设还是为居住街区提供更多的绿化场地角度出发，针对高层住宅的研究都会更加契合我国的国情与需求。但是考虑到对城市历史风貌的保存以及我国现阶段的发展程度，多层居住街区的研究也是不可或缺的。

综上所述，本书将城市居住街区按照建筑相对位置划分为多层行列式、高层行列式、高层均质围合式与高层错列围合式四类。从而满足本书 2.3 节中"建筑相对位置对街区热环境会产生明显影响"结论要求，建立起满足本书研究所需的西安市住宅街区分类方式。

2.4.3　西安市居住街区围合道路类型

1. 我国常用道路分类方式

我国的城市道路规划与设计通常都是根据城市上位规划确定的。根据我国现有规范及相关研究，存在多种对道路类型的划分方式，主要有按照公路功能等级、按照公路的技术标准与按照道路的截面类型等多种划分方式。

其中，根据我国公路功能等级，可以将城市道路划分为高速公路、一级公路、二级公路、三级公路、四级公路，共计5个等级。这种划分的主要依据是道路的昼夜交通量。

根据道路的技术标准又可以划分为快速路、主干路、次干路与支路四类。这种划分的主要依据是设计行车速度。

根据道路截面类型则可以划分为一板二带式、二板三带式、三板四带式、四板五带式及其他更复杂形式共计四类。这种划分方式的主要依据则是道路截面中行车道、人行道与隔离绿化带的相互位置关系。

2. 基于绿化相对位置的居住街区围合道路划分方式

根据本书2.3节相关结论，如果要研究不同绿化种植模式对街区热舒适性的影响，就需要采用一种可以描述道路绿化所处相对位置的分类方式。由此可知，采用以道路截面形式划分道路的方式会更契合本书的需求。

该分类方式中的"板"代表了行车道或人行道，"带"则代表了绿化隔离带。如图2-12所示，一板二带式道路与二板三带式道路可以视为一类。二板三带式道路可视为在一板二带式道路中增加了一个中央绿化隔离带。三板四带式道路与四板五带式道路也存在类似的关系。本书讨论的道路类型中并不涉及高架桥、地下通道等特殊道路形式。

（a）一板二带式道路　　　　　　　　　　　　（b）二板三带式道路

（c）三板四带式道路　　　　　　　　　　　　（d）四板五带式道路

图2-12　不同类型道路截面示意图

对西安市 2008—2020 年用地规划图中用来划分地块的道路进行逐条梳理后，可以发现西安市最主要的道路截面形式为一板二带式。如图 2-13 所示，该类型道路占全市总道路长度的53.8%，基本上出现在每一个用地地块的周边。

出现最少的道路截面形式为四板五带式及其他更复杂的道路形式，这两种截面形式主要出现在城市主要干道及环线道路中，占比仅为 10.7%。此外，三板四带式道路作为四板五带式道路的简化模式，在城市中占比略高于四板五带式道路，占比约为 17.9%。

与此类似，二板三带式截面的道路可以视为一板二带式道路的变体，在城市道路中的占比达到 17.6%，与三板四带式道路相类似。

由此可见，西安市在道路规划中，更多的是采用无中央隔离绿化带的道路截面形式。但是在城市新区的建设中，如图 2-13 所示，城南的高新区、城北的未央区（这两个行政区是西安市最近 10 年来发展最明显的行政区块）拥有中央隔离绿化带的二板三带式道路形式占比高于老建设区。

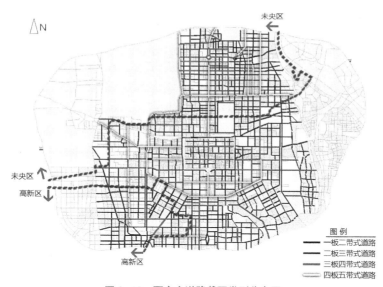

图 2-13　西安市道路截面类型分布图

因此，对于城市居住街区道路部分的研究重点应放在占比最多且与街区关系最密切的一板二带式道路中。同时，因为在近年的城市开发建设中二板三带式道路已经越来越多地被采用，也需要给予该类型的道路一定的关注。

综上所述，本书将对两种在城市中占比最大的道路布局形式进行研究，分别为：一板二带式道路与二板三带式道路。

2.5 城市居民户外活动时间特征分析

2.5.1 针对户外活动主要发生时段的调研

1. 调查目的

居住街区是每个城市居民每天必然会与之进行互动的城市区域，而且居住街区也存在明显不同于其他街区的居民活动时间特征。

因为热舒适性环境在每天中随时间变化明显，故需要首先明确居民每日户外活动的主要时段，才能更有针对性地改善居住街区的热环境。需要说明的是，"有针对性地改善"也是应对全球气候变化的适应性策略的重要原则之一，即本书的研究基础与背景。

2. 调查时间与调查对象

针对这一问题的调研，分别选在 2019 年 7 月 23 日和 28 日对 R-B 街区西南路口与居住区内活动场地（6 号测点旁）的白天逐时通行人数进行了统计（图 2-14）。选定的两日均为晴朗天气且在 2019 年三伏天期间，属于西安市全年最热的时间段。其中，23 日为周二工作日，28 日为周日休息日。选择这两天进行实地观测可以真实地反映城市居民在夏季的出行时间分布特征，并且避免了因为工作等必要出行行为导致的时空变化。

3. 调查内容

该项研究的主要调查内容为居住街区围合道路及活动广场的逐时人数，并由此获得居住街区户外活动的主要发生时段。

其中，居住街区围合道路逐时人数采用街区十字路口的双向通行人数进行统计。在十字路口进行人流统计可以同时把控两条不同走向道路的双向人群行为特征，还可以统计围绕居住街区活动的人数，从而把控居住街区围合道路的人群活动特征。广场的活动人数以调研时瞬时人数为准。因为本书是针对人群户外热舒适性环境，故而调查统计中仅考虑暴露于户外的人数。

图 2-14 居住街区围合道路及活动广场逐时人数调研测点分布

4. 调查方法

对于居民户外活动主要发生时段的研究采用实地调研的方式。针对道路通行人数，统计了该十字路口两个方向每个小时前 10 分钟（min）的通行人数作为该小时的数据。对于广场则采用了每个小时 30 分钟（min）内某一瞬时存在人数作为该小时的数据。具体测量地点如图 2-14 所示。在针对道路通行人数的统计中，车辆内的人数并没有进行统计。并且对于行人短时间内的来回路过则按照多人次进行统计。这一行为主要存在于送孩子上学的行为中。在针对广场的参与人数统计中以瞬时人数为准。在上下学及上下班的时间内存在路过的行人，只要在记录的瞬时时间内出现也会被统计为 1 人次。

2.5.2　城市居民主要户外活动行为及发生时间

城市居民的活动行为按照发生目的可以分为三类：必要性、自发性与社会性行为。其中必要性行为可以按照参与主体分为通勤类、物流类、购物类与安保医护类；自发性行为包括休憩、健身与游玩文娱等；社会性行为包括：餐饮、社会交往、展销及节庆类。

这些活动行为又可以按照其主要发生场所对应到相应的城市规划用地中。其中，与居住街区关系较为紧密的包括通勤、餐饮与社交三类行为。如图 2-15 所示，这类行为基本横跨了日出后至当日夜间的所有时段。故而研究采用了日出前（6：00）至夜间（20：00）的通行人数变化来描述围绕居住街区发生的户外行为。

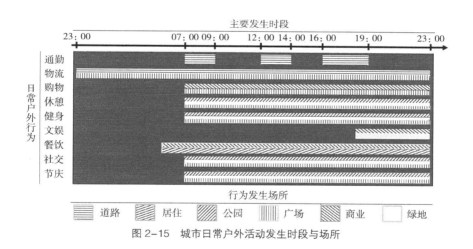

图 2-15　城市日常户外活动发生时段与场所

2.5.3　居住街区户外行为主要发生时段逐时人流特征

表 2-4、表 2-5 描述了调研日的逐时通行人数。

对比工作日及周末的逐时人数变化可以发现，工作日的道路通行人数明显要高于周末。周末全天总通过人数为工作日的 66.7%。然而广场内的全天累计总人数在工作日与周末则没有如此明显的区别，且周末人数要略高于工作日（二者人数比例为 1.2∶1）。

就城市规划角度而言，道路承载着城市居住功能与其他所有功能相互联系的作用，在工作日则更为重要。对于道路的研究则应着重于工作日的大人流时间段。广场则是居住区户外活动的主要发生区域。为广场提供良好的热环境对居住街区活动的开展十分重要。

道路逐时通行人数 表2-4

	6：00	7：00	8：00	9：00	10：00	11：00	12：00	13：00	14：00	15：00	16：00	17：00	18：00	19：00	20：00
工作日	151	346	510	309	244	232	220	226	228	263	281	408	340	293	229
周末	102	147	252	232	220	183	179	185	182	193	196	225	220	190	147

活动广场逐时通行人数 表2-5

	6：00	7：00	8：00	9：00	10：00	11：00	12：00	13：00	14：00	15：00	16：00	17：00	18：00	19：00	20：00
工作日	6	26	31	17	17	3	4	1	0	21	32	36	35	31	39
周末	10	22	34	13	19	18	8	4	6	19	38	49	41	44	34

图2-16描述了道路与活动广场逐小时人数的变化。就道路而言，工作日内有两个明显的人数峰值。分别出现在7：00—9：00与16：00—19：00。这两个时段也分别对应了上午上班与下午下班。9：00—16：00虽然也较夜间人数多，但是并不存在明显的峰值。在周末，道路人数则没有如此明显的变化。就广场而言，全天存在3个人数峰值时段，分别为：7：00—9：00、15：00—18：00与19：00以后。这3个时间段分别对应了晨练、下午活动与晚饭后活动三个行为。广场不同于道路，无论工作日还是周末，人数变化趋势都极为相似。

综上所述，对于道路而言，人们主要活动时间段分布在7：00—9：00与16：00—19：00；广场的主要活动发生时间段为7：00—9：00、15：00—18：00与19：00以后。因为19：00后

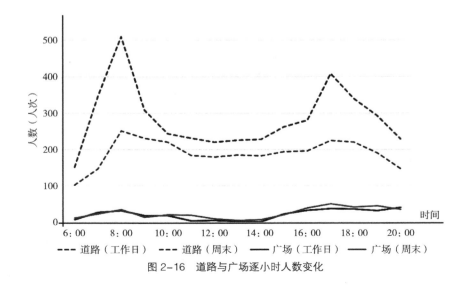

图2-16 道路与广场逐小时人数变化

已经不存在短波辐射，本书采用19：00—21：00作为晚间活动的代表时间段。后文中，若没有明确说明，则分别将7：00—9：00、15：00—18：00、16：00—19：00与19：00—21：00四个时间段分别简称为T1、T2、T3与T4时段。

为了提出可以量化的研究模型，本章分别就模型的3个主要组成部分（绿化代表类型、居住街区空间类型、研究时间）展开了实地调查研究。在深入分析相关问题表现特征的同时，也为研究模型的建立（本书第3章）提供数据支持。

针对上述3个组成部分，本章将其归纳为3个主要问题：①居住街区夏季热环境的特征分析；②居住街区空间特征分析；③居民户外活动时间特征分析。

上述问题的研究分别可以从3个方面为本书研究模型的建立提供数据支持：①针对居住街区热环境的研究可以明确居住街区热环境与哪些规划要素关系更为紧密，从而为绿化的分类提供依据；②针对西安市的居住街区建设现状的研究可以归纳出适应于本书研究的城市空间分类方式，从而建立起既可以涵盖西安市居住街区建设特征，又可以有针对性地对街区热舒适性进行研究的模型；③明确人与居住街区间发生相互关系的主要时段，从而使得研究结论更有针对性。

第一个问题的调查研究由2个阶段组成：第一阶段的研究于2015—2018年夏季展开，结合笔者所在研究团队的相关研究，针对西安市不同用地性质地块的温度变化特征进行对比。第二个阶段的研究于2019年夏季展开，根据建筑学典型居住街区分类方式，选取了3个典型街区进行温湿度对比。

第二个问题的调查研究开展于2017—2018年，调查了西安市三环路以内所有居住街区的住宅楼布局形式与周边道路截面类型。

第三个问题的调查研究开展于2019年夏季，与第一个问题第二阶段的研究同步展开，统计了居住街区围合道路逐时通行人数与活动场地逐时活动人数的变化，从而明确街区何时活动人数最多，即主要研究时段。

通过上述调查研究，总结出本书的研究绿化分类、街区分类与研究时段。

（1）绿化分类方面：将居住街区绿化划分为围合道路绿化与住宅楼间绿化。住宅楼间绿化又划分为带状绿化与块状绿化。按照块状绿化使用功能将其进一步细分为活动绿地、景观绿地与小游园。

（2）街区分类方面：将城市居住街区按照建筑相对位置划分为多层行列式、高层行列式、高层均质围合式与高层错列围合式四类，将居住街区围合道路划分为一板二带式道路与二板三带式道路。

（3）研究时段方面：根据活动人数的4个峰值划分为7：00—9：00、15：00—18：00、16：00—19：00与19：00—21：00四个时间段。

第 3 章

城市居住街区
研究模型的建立

3.1　模拟计算工具的选择

伴随着 20 世纪末的计算科学发展与计算能力的提高，CFD 数值模拟技术也逐渐成熟，从针对城市规模的大尺度计算模型到针对街区，甚至针对人体的中小尺度计算模型也越来越丰富。不似现场测量中存在大量无法控制的要素，计算模型的发展使得研究者可以更好地进行有针对性的研究。

本书的研究是面对整个居住街区的，属于典型的中尺度研究。在对计算模型与软件的选择中，不仅需要考虑自然环境中的辐射能量、热湿环境、风环境的相互关系，还需要考虑到建筑、植被以及其他下垫面材质之间的能量交换特征。

为了可以有针对性地解决上述问题，本书采用了德国教授 Michael Bruce 设计的、被广泛用于城市中尺度 CFD 模拟中的 ENVI-met 软件进行相关的模拟仿真。针对需要模拟的城市街区建立了相应的简化模型，并针对该简化方法进行了相应的"模拟—实测"验证。

3.2　基于 ENVI-met 的分析模型

本书采用 ENVI-met 4.4.3 的 science 版本对不同绿化形式的居住街区进行了热环境特征的模拟。在该软件模拟中主要考虑的元素如图 3-1 所示。在 ENVI-met 软件中，将流场默认为三维非定常不可压缩流模型。模型栅格的可信分辨率为 0.5~5.0m，典型模拟周期为 24~48h，时间步长为 1~5s。采用对流扩散方程对温度和湿度进行计算。在对温度的计算中，考虑了长波辐射的影响。通过计算水蒸气的蒸发过程来计算植被与周边环境的热量及湿度的交换。

ENVI-met 软件对于街区尺度的模拟仿真结果在近年已经被大量相关研究所证实。然而，ENVI-met 软件也有明显的短板。其一是在对风速变化的计算中有较大的出入。尤其是在全天风环境变化较为复杂的

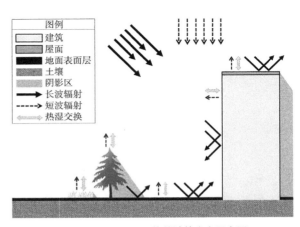

图 3-1　ENVI-met 软件计算内容示意图

情况下。此外，该仿真中并不考虑任何人为产热。这些劣势则为 ENVI-met 软件的模拟结果造成了一些限制，即 ENVI-met 无法模拟风速较大和风环境变化较为复杂的区域；同时也不能很好地研究热量发散较为复杂的地区 [115, 149, 204]。

3.2.1 建筑模型的设置

在该模型中，建筑物被看作是由屋顶和墙体材料包围的"空腔盒子"。墙体及屋面模型是通过 3 层不同厚度的材料组合而成的。每一种材料需要设置相应的厚度、吸收率、透射率、反射率、发射率、比热容、导热系数与密度。在建模中需要对建筑高度进行设置。在开始计算时，建筑内部的温湿度与当时的边界条件温湿度保持一致。在计算墙体与外界环境的能量交换时逐层计算围护结构相应的通量，并由此考虑室内外的能量交换。

3.2.2 地面模型的设置

ENVI-met 将地面模型按照两层分别考虑：表面层与土地层。如图 3-1 所示，在进行建模中只能改变不同区域表面层材料的相应参数，土地层在整个模型中是统一的。

表面层材料考虑了其反照率与发射率。此外还需要设置相应的含水量、基质势、水力传导率、热容量、热传导率数值。当表面层材料为人造材料（如砖、大理石、混凝土等）时，除反照率、

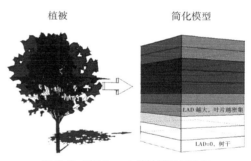

图 3-2 ENVI-met 植被模型示意图

发射率、热容量与热传导率外的其他值均被默认为 0。表面层设定的最厚厚度为 2m，其下为土地层。土地层在计算时则被认定为拥有恒定温度与湿度。

3.2.3 植被模型的设置

如图 3-2 所示，ENVI-met 将植被简化为由 10 层等高的拥有不同叶面积密度（LAD）的"体块"堆叠而成的立方体。当体块所在处为树干时，则叶面积密度被设定为 0。为了计算植被对短波辐射的透过与反射能力，需要为整个植被模型设置相应的透射率及反照率。此外，还需要设置相应植被的高度。

3.2.4　边界条件的设置

模拟的边界条件主要指模型边界的时空气象特征，主要包括日期与气象条件两部分。日期的确定是为了确定模拟当日与太阳辐射有关的指标，包括逐小时的太阳高度角、直接太阳辐射与散射太阳辐射。气象条件包括：逐时的温度与湿度、全天的风速风向值与背景污染物含量及云量。本书中并未考虑天气变化与污染物的存在，因此二者均被设定为 0。

3.3　ENVI-met 模型的效度验证

在相关研究中，许多学者从各自的研究角度证明了 ENVI-met 模型对真实区域热环境模拟的准确性，尤其是针对街道与街区尺度的相关研究[139, 211]。然而在 CFD 模拟中每位学者对真实环境的建模方式都不尽相同。为了证明本书采用的建模方式可以有效地反映所研究的居住街区热环境，相应的模拟效度验证是必需的。

3.3.1　计算模型与边界条件的设置

如第 2 章中所述，本书选取了 3 个居住街区进行实地测量并采用测量结果来对计算模型进行验证。测量街区的 ENVI-met 模型如图 3-3 所示。模型网格为 2m×2m×1m。并采用 1.5m 高度处网格的结果与测量值进行对比验证。

模型中的所有建筑均被视为混凝土盒子，高度按照建筑真实高度建立。住宅建筑以每层 3m 进行估算，裙房（非临时平房）按每层 4m 进行估算。表面层材料根据所处区域的不同划分为：灰色混凝土、裸露土壤及砖路。不同材质的相应指标见表 3-1 所列。

ENVI-met模型材质相关参数 表3-1

材料类别	吸收率	反射率	比热容 [J/（kg·K）]	导热系数 [W/（m·K）]	密度 （kg/m³）
灰色混凝土	0.5	0.5	850.0	1.6	2000.0
砖	0.6	0.4	650.0	0.4	1500.0

植被模型被划分为三类：地被植物、灌木与乔木。街区中所有的地被植物被统一简化为高度为 0.2m 的麦冬（在 ENVI-met 中针对不同的植被设定有对应的碳循环模式，因本书中不

涉及空气含量的模拟，故而这部分参数的设置均采用软件默认值），所有的灌木被简化为 1.2m 高的小叶黄杨。乔木则划分为 6m、9m、12m 三类。所有小型景观树（如女贞树等）被简化为 6m 的乔木。所有大型景观树及道路行道树（如梧桐树等）被简化为 9m 的乔木。明显高于上述植被的树木（如槐树等）被统一简化为 12m 高的乔木。各种绿化的逐层叶面积密度、反照率及透射率见表 3-2 所列。

测量 3 日的逐时温湿度见表 3-3 所列，模拟中采用了当日测量期间出现频率最高的风向作为边界条件中的风向。风速采用测量期间天气预报的逐时风力的平均值（3 日均为二级风）。天气预报相应数据来源于中国天气网。因为天气预报采用风力来代表风速，模拟中将 2.5m/s 作为 2 级风的代表风速。

模拟计算持续了 48h，第二日的数据被用来进行"模拟—实测"验证。2 日的气象条件保持一致，这样做的目的是保持模型的稳定性。根据 ENVI-met 开发者的解释，模型最少需要 5~7h 的"预热"，采用第二日的结果进行研究是经验数值。

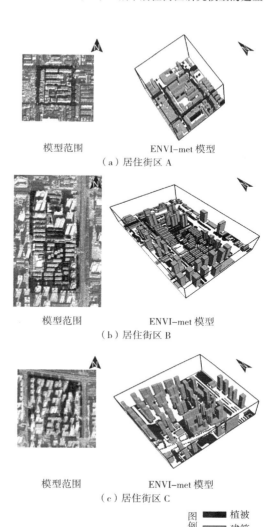

模型范围　　　　　ENVI-met 模型
（a）居住街区 A

模型范围　　　　　ENVI-met 模型
（b）居住街区 B

模型范围　　　　　ENVI-met 模型
（c）居住街区 C

图例 ■ 植被　▨ 建筑

图 3-3 ENVI-met 计算模型

ENVI-met 植被模型相关参数　　　　　　　　　表3-2

植被类别	逐层叶面积密度（由下至上）										反照率	透射率
	1	2	3	4	5	6	7	8	9	10		
0.2m（麦冬）	0.30	0.30	0.30	0.30	0.30	0.30	0.30	0.30	0.30	0.30	0.2	0.3
1.2m（小叶黄杨）	2.50	2.50	2.50	2.50	2.50	2.50	2.50	2.50	2.50	2.50	0.2	0.3
6m（女贞）	0	0	0	0	2.18	2.18	2.18	2.18	2.18	1.72	0.2	0.3
9m（梧桐）	0	0	0	2.18	2.18	2.18	2.18	2.18	2.18	1.72	0.2	0.3
12m（国槐）	0	0	2.18	2.18	2.18	2.18	2.18	2.18	2.18	1.72	0.2	0.3

测量日逐时温湿度 表3-3

2019-07-24	00: 00	01: 00	02: 00	03: 00	04: 00	05: 00	06: 00	07: 00	08: 00	09: 00	10: 00	11: 00
温度（℃）	24	23	23	22	23	23	23	23	23	26	28	29
相对湿度（%）	63	62	65	70	67	68	71	73	74	68	63	53
风速（风力等级）	2	2	2	2	2	2	2	2	3	3	3	3
风向	ES	ES	S	S	S	WS	WS	WS	WS	WN	WS	WS
2019-07-24	12: 00	13: 00	14: 00	15: 00	16: 00	17: 00	18: 00	19: 00	20: 00	21: 00	22: 00	23: 00
温度（℃）	31	32	33	34	33	33	32	31	30	28	28	27
相对湿度（%）	47	44	41	40	40	43	45	49	54	58	59	59
风速（风力等级）	2	2	3	3	2	3	4	0	0	0	0	2
风向	WS	WS	WS	S	ES	ES	ES	—	—	—	—	S
2019-07-25	00: 00	01: 00	02: 00	03: 00	04: 00	05: 00	06: 00	07: 00	08: 00	09: 00	10: 00	11: 00
温度（℃）	26	25	25	25	24	25	25	25	27	29	30	31
相对湿度（%）	61	64	65	66	65	66	67	67	68	58	51	45
风速（风力等级）	2	2	2	2	2	2	2	3	2	2	3	3
风向	ES	ES	ES	ES	ES	ES	ES	ES	ES	ES	EN	EN
2019-07-25	12: 00	13: 00	14: 00	15: 00	16: 00	17: 00	18: 00	19: 00	20: 00	21: 00	22: 00	23: 00
温度（℃）	33	34	35	35	36	36	36	34	33	31	30	29
相对湿度（%）	41	39	37	35	34	34	36	42	49	56	58	61
风速（风力等级）	3	3	2	3	4	2	2	2	0	0	0	0
风向	E	E	ES	ES	ES	ES	ES	ES	—	—	—	—
2019-07-26	00: 00	01: 00	02: 00	03: 00	04: 00	05: 00	06: 00	07: 00	08: 00	09: 00	10: 00	11: 00
温度（℃）	28	27	27	26	25	26	26	27	28	30	31	33
相对湿度（%）	63	64	65	67	69	70	74	71	68	59	55	47
风速（风力等级）	4	3	2	2	2	2	2	2	2	2	2	2
风向	S	WS	WS	WS	WS	WS	WS	WS	WS	WS	WS	WS
2019-07-26	12: 00	13: 00	14: 00	15: 00	16: 00	17: 00	18: 00	19: 00	20: 00	21: 00	22: 00	23: 00
温度（℃）	34	35	36	36	37	36	36	35	34	31	30	29
相对湿度（%）	44	41	38	36	35	35	37	40	46	54	58	61
风速（风力等级）	2	2	3	4	4	3	3	3	3	2	2	2
风向	WS	WS	WS	EN	EN	WS	WS	WS	WS	ES	ES	ES

3.3.2 模拟—实测结果对比

从日间所有测点的总体数据而言，3个居住街区的温度、湿度的模拟与实测值均呈现出显著的相关性，如图3-4所示。结果均有显著的统计学差异（$P < 0.01$），可以否定原假设。其中，

R-A 街区日间温度和相对湿度的模拟与实测值间的均方根误差分别为 2.0℃与 3.4%。均小于当日相应指标日间平均值的 10%；R-B 街区日间温度和相对湿度的模拟与实测值间的均方根误差分别为 0.9℃与 3.8%。均小于当日相应指标日间平均值的 10%，且温度值的均方根误差要小于当日气温平均值的 5%；R-C 街区日间温度和相对湿度的模拟与实测值间的均方根误差分别为 2.5℃与 7.3%。其中温度的均方根误差指标小于日间温度的 10%，相对湿度为对应指标的 13.3%。造成湿度模拟数值略小于实测值的主要原因是 R-C 街区周边现状较为复杂。街区西北侧区域仍在建造施工。北侧为城市快速干道，沿街绿化带宽度与植被风貌程度明显要优于模型简化中对"最大乔木"的模型。此外，因为快速干道的开阔空间特征，高风速也会使得街区外部环境对内部环境造成更多的影响。大量因素造成对 R-C 街区的湿度模拟结果不

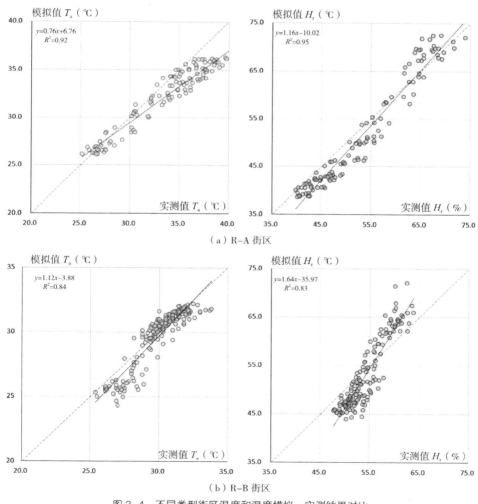

（a）R-A 街区

（b）R-B 街区

图 3-4　不同类型街区温度和湿度模拟—实测结果对比

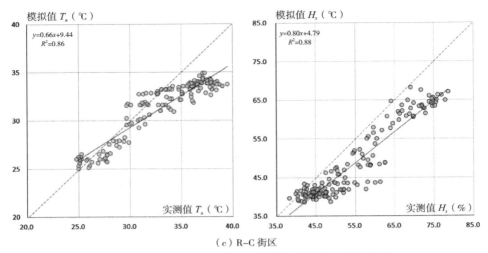

（c）R-C 街区

图 3-4　不同类型街区温度和湿度模拟—实测结果对比（续）

如其他项目的理想。但是这一差异仍然可以满足城市街区尺度上的研究需要。需要说明的是，3 个街区的温度和湿度模拟—实测结果的系统误差值均较小，且小于对应指标的非系统误差。由此说明产生这一差异的主要产生原因并非产生于模拟过程，实测中的不定要素更有可能造成这一特征。

对比街区中各个测点的模拟—实测结果也可以发现，采用本书所述的建模方式进行的模拟结果可以反映出不同空间特征和绿化特征空间内的真实温湿度特征。如图 3-5~图 3-7 所示，3 个街区的绝大多数测点全天温度和湿度的模拟—实测结果均呈现出强相关性。只在 R-B-9 测点的温度和湿度与 R-B-1、R-C-1 测点的温度中，模拟—实测结果的 R^2 值小于 0.8，分别为 0.74、0.78 与 0.67、0.80（实际值为 0.798）。这三个测点都存在"测量仪器位于植被侧面"的情况。其中，R-B-9 点由于周边没有大型乔木，只能放置于灌木旁；R-B-1 位于住宅楼间活动场地，只有小型景观乔木与地被植物，并没有足以遮阴的高大乔木；R-C-1 点周边虽有乔木，

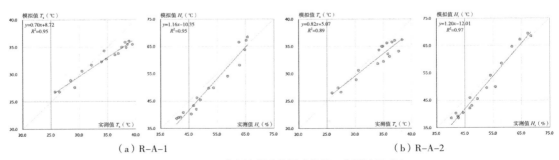

（a）R-A-1　　　　　　　　　　　　　　　　　　　（b）R-A-2

图 3-5　R-A 各测点温度和湿度模拟—实测结果对比

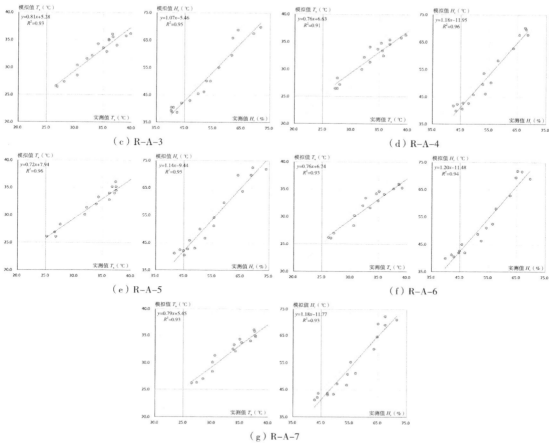

图3-5　R-A各测点温度和湿度模拟—实测结果对比（续）

但树叶极其稀疏。虽然放置于乔木之下，但实际与大量叶片存在区域的关系是相邻，因此其周边绿化对测量仪器的影响更加复杂。总体而言，这三个测点的模拟结果可以较好地反映全天温度和湿度的真实变化趋势。此外，超过67.3%的测点的模拟—实测结果的R^2值大于0.9。

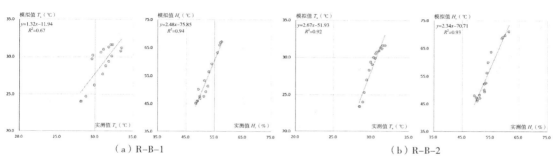

图3-6　R-B各测点温度和湿度模拟—实测结果对比

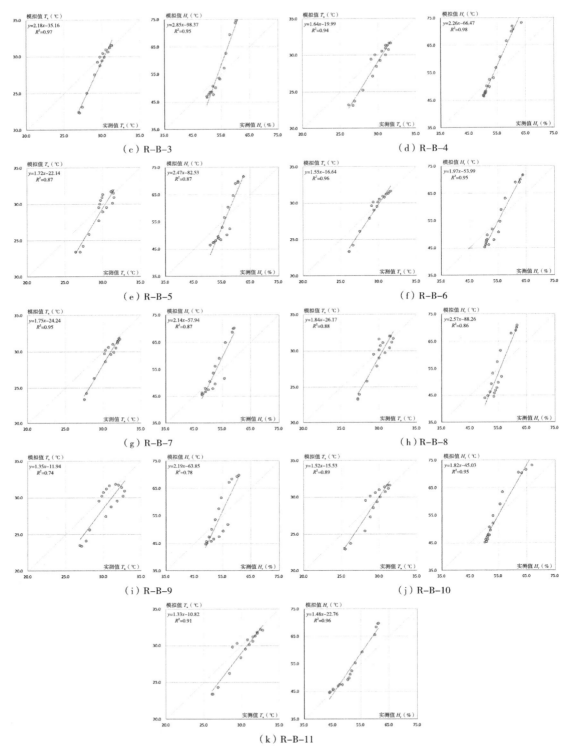

图 3-6　R-B 各测点温度和湿度模拟—实测结果对比（续）

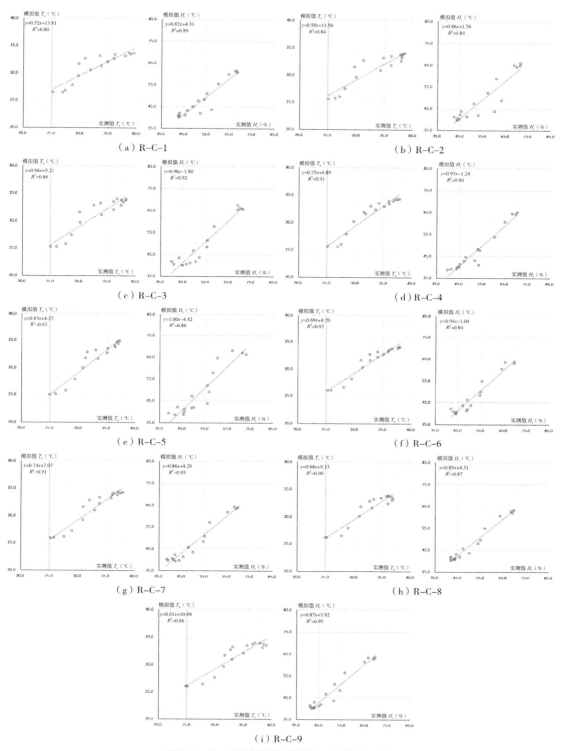

图3-7　R-C各测点温湿度模拟—实测结果对比

由此可知，本书采用的建模方式不仅可以从整体上描述居住街区的温湿度特点，针对单一测点也可以很好地描述其热环境特征。

综上所述，本书模拟研究中采用的建模方式可以准确地描述出街区尺度的温湿度特征与居住街区内主要空间特征区域的温湿度特征。回顾采用了ENVI-met软件的前人研究可以发现，模拟温度与实测温度的均方根误差为0.66~4.83℃ [165]，这也与本书的结论相符。综合以上研究可以说明，本书的研究方法是可行的，所得结论是可信、有效的。

3.4 居住街区简化模型的建立

3.4.1 街区建筑模型的建立

根据本书2.4节所归纳的城市街区建筑布局形态，将西安市居住街区划分为4类。其中，R1~R4分别代表了多层行列式居住街区、高层行列式居住街区、高层均制围合式居住街区与高层错列围合式居住街区（图3-8）。行列式居住街区是指街区内建筑由南至北在符合日照及视觉间距的情况下逐排布置；均质围合式居住街区是指街区内建筑在符合行列式布局的基础上利用东、西两侧沿街区域的日照时长优势，在现有每排居住建筑间增设一排建筑；错列围合式居住街区是指根据建筑日照间距的最低要求、采用围合式布局方法、最大限度减少居住街区南北向长度的布局方式。

根据西安市路网密度，本书保证模型街区南北边的长度达到300m。每个街区均保证内部由南至北存在3组绿化可用场地。采用这种布置的目的是研究绿化的种植区域对街区热舒适性的影响。

单栋建筑尺寸为南北向16m、东西向48m。这一尺寸为现在城市中最普遍的"两拼高层"建筑的尺寸。同时该尺寸也和多层住宅楼中"一梯二户、四个门栋联排"相似。

建筑之间的退让距离按照《西安市城乡规划管理技术规定》的相关标准确定。本书模型中多层建筑的山墙距离为10m，高层建筑的山墙距离最少为20m。居住建筑的布局均符合西安市的相关日照规定和最小视距要求。街区的道路红线退让同样符合《西安市城乡规划管理技术规定》的相关要求。对于必须退让且在最外侧建筑外的区域采用种植地被植物的方式进行补充（图3-8）。为了满足我国居住区绿地率要求，在街区最外围住宅楼间用地被植物补齐。采用地被植物的原因是地被植物对周边热舒适性影响最小，如此建模在计算其他特定类型植被对热舒适性的影响时产生的干扰最小。

因为模型研究了街区的围合道路，为了使道路的环境更加符合真实城市特征，本书在所研究街区外围均额外建立了一个形制相同的居住街区以闭合道路周边形态。根据软件的计算需求与前人研究的经验，外围的街区只保留了2列建筑的宽度。与此同时，两个街区之间居住建筑的日照影响也被考虑。按照西安市城乡规划管理技术规定中"同时退让"的原则，以道路中线为对称轴，道路两侧街区退让同等宽度空间以满足相关日照要求，并在退让区域设置地被植物。道路考虑了一板二带式及二板三带式两类最普遍的情况，两种道路的宽度分别为22m与24m。

模型中建筑材料设定为灰色混凝土，地表面层除植被外均为灰色混凝土。灰色混凝土的相应参数与"模拟—实测"对比中的设置相同，详见表3-1。

3.4.2　绿化模型的建立

在本书的模拟仿真中将植被模型简化为5类：0.2m的地被植物、1.2m的灌木、6m的乔木、9m的乔木、12m的乔木。其中，0.2m的地被植物主要指麦冬等常用作草坪的植被；1.2m的灌木主要是指小叶黄杨等常见景观用或围篱用矮灌木；3种高度的乔木分别代表了女贞树、梧桐树及国槐树

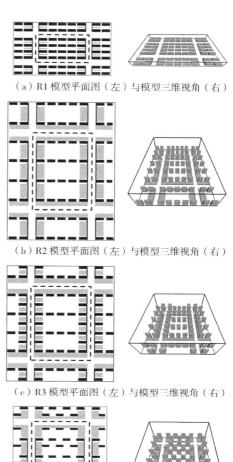

（a）R1 模型平面图（左）与模型三维视角（右）

（b）R2 模型平面图（左）与模型三维视角（右）

（c）R3 模型平面图（左）与模型三维视角（右）

（d）R4 模型平面图（左）与模型三维视角（右）

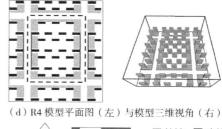

图3-8　研究对象街区模型

三类在西安市最常见的树种。这些植被均为西安市城市管理局发布的《西安市城市绿化植物配置设计导则》中的基调树种及骨干树种。麦冬属于地被植物，不在导则限制内，是西安市本地常见物种。植被的相应参数如表3-2所示。需要说明的是，本书中所有的树冠直径均为6m，并且保证了乔木下方2.5m内为树干，不存在枝叶。

1. 道路绿化

根据对西安市居住街区的实地调研数据，本书对一板二带式与二板三带式道路中的行道树的种植模式考虑了行道树的3种高度，分别为6m、9m、12m；考虑了5种树与树的植被

间距，分别为0（树冠紧贴树冠）、0.5（两棵树树冠间距为0.5树冠）、1（两棵树树冠间距为1个树冠）、1.5（两棵树树冠间距为1.5个树冠）、2（两棵树树冠间距为2个树冠）。

参照北京市《城市道路空间规划设计规范》DB11/1116—2014的相关规定，案例中假定行道树设施树池宽度为2m，道路中央隔离绿化带宽度为2m。行道树树池与隔离绿化带中，若上方为乔木则下方均为裸露土壤。道路绿化的种植区域如图3-9所示。

2. 楼间绿化

1）带状绿化

本书中带状绿化是指住宅楼间布置在道路、块状绿化周边的绿化形式。根据住宅楼间的常见绿化形式，在这部分模型

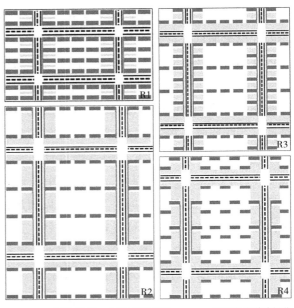

■■ 建筑　　■■ 其他绿化　　—— 一板二带式道路绿化
--- 道路中央隔离绿化带（仅存在与二板三带式道路）

图3-9　道路绿化种植区域

注：模拟模型中，一板二带式道路在移除中央隔离绿化带后
道路宽度也会相应变窄。

中本书考虑了植被的高度与间距。其中，本书将植被高度划分为5类：0.2m地被植物、1.2m灌木、6m乔木、9m乔木、12m乔木。各类植物的模型与前文所述相同。对于植被间距也如前文考虑了5种情形，即0、0.5、1、1.5、2五类（图3-10）。

此外，住宅楼间的绿化种植区域还考虑了是否对称的问题。如图3-9所示，住宅楼间通常会因为采光或地面停车等问题，将带状绿化单侧布置。为了考虑单侧绿化布局对热舒适性的影响，本书设置了单侧绿化布置于住宅楼北侧或南侧两类。在对这两类种植区域进行研究时，带状绿化采用6m乔木作为植被代表。

2）块状绿化

本书将居住街区常见块状绿化根据绿化组成及功能特征划分为活动绿地、景观绿地与小游园三类。

（1）活动绿地，指通过植被围合出的用来进行户外活动的绿地空间（图3-11）。常见的类型包括：草坪、灌乔木围合的草坪、草坪与硬质铺地间隔共存的空间等。

（2）景观用绿地，指成片或成簇的以造型观景为主要用途的绿地空间。块状绿地的常见类型包括：不同种植密度的灌木围合灌木、灌木围合乔木、乔木围合灌木三类。此外，在模型中景观绿地与活动绿地的区别还包括当存在植被间距时，用以补充间隔空间的"地面材

质"。其中，景观绿地的乔、灌木种植间隔处设置为地被植物，而活动绿地的间隔处则为硬质铺地（即灰色混凝土）。

（3）小游园，也被称作绿化广场、绿化交通岛、小森林等。该类块状绿地主要指有美观作用、利用城市中不宜布置建筑的零散空地建造，包含铺地、绿化等空间城市场地。本书只考虑小游园在居住街区内的形式，采用了乔木围合乔木的方式来描述这类空间。在小游园模型中，乔木树冠下方为地被植物、乔木树冠间则为硬质铺地。

此外，3类块状绿化的种植间隔均考虑了5种植被间距，即0、0.5、1、1.5、2。同时，还考虑了块状绿地的5种设置区域：包括上风向（U）、下风向（L）、街区北部（N）、街区南部（S）、街区中心（C）。各街区模型中的布置区域详见图3-10。

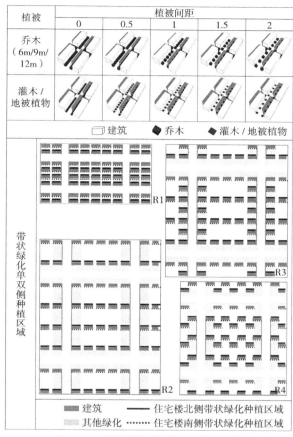

图3-10　带状绿化种植模式及种植区域

3.4.3　模型边界条件的设置

本书采用的计算模型网格为2m×2m×1m。为了提高计算效率，尤其是针对高层居住街区模型，当垂直高度超过21m时，模型垂直方向网格每格高度增加20%。因为本书研究的区域是行人层高度处的户外热舒适性，故而采用1.5m高度处的相应数据进行对比研究。根据软件计算的需要，在模型区域外围分别额外设置11个（R-1）或40个（R-2、R-3、R-4）网格大小的"缓冲区"。

模型中将西安市的纬度设定为北纬34.3°，经度为东经108.9°。该指标为西安市市区中心点的经纬度。模型中不考虑高程因素。所处地区海拔由ENVI-met自带数据库中根据经纬度获得。

模拟日设定为2019年7月25日（即进行街区实测日，处于当年中伏期间）。相应全天逐时温湿度变化均采用测量时获得的数据。其余气象参数与测量当日数据保持一致（详见

表 3-3）。模拟的时间步长设定为 2s，模拟时长为 48h，采用第二日 T1、T2、T3、T4 四个时段的相应数据进行研究。

3.5　评价指标的确定

3.5.1　生理等效温度（*PET*）

针对气候舒适度的研究有着很长的历史，为了可以更好地描述人体感受到的热舒适度，学者们发现单纯使用气象参数，例如气温，已经无法满足实际的需求。尤其是针对户外热舒适性，太阳辐射对人体的影响要明显大于气温。已有研究表明，1℃的气温变化在人体上的热感受约等同于 70W/m^2。将太阳辐射等能量的变化引入研究中就成为必须要解决的问题，由此

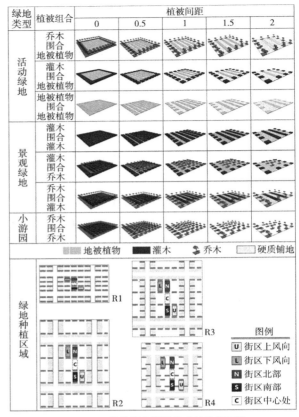

图 3-11　块状绿化种植模式及种植区域

产生的给予能量平衡的机制模型就成为现在的主流评价方式。

本书采用生理等效温度（*PET*）对户外热舒适性进行评价。*PET* 的计算是基于慕尼黑人体热量平衡模型 MEMI 人体热平衡模型而产生。其核心机制是人体皮肤所接收到的能量（平均辐射温度）与人体的核心能量达到平衡。当二者相同时，热舒适性被定义为"中性"，人体的热应激反应被定义为"无应激反应"。

根据相关定义，*PET* 被划分为 9 个等级，见表 3-4 所列。其中，当 *PET* 数值为 18~23℃时，称之为"Neutral"（中性）。由低至高包括"Very Cold"（非常冷）、"Cold"（冷）、"Cool"（凉爽）、"Slightly Cool"（较凉爽）、"Neutral"（中性）、"Slightly Warm"（较温暖）、"Warm"（温暖）、"Hot"（热）、"Very Hot"（非常热）共 9 个等级。每一种热感受对应的 *PET* 范围是不等的：在"Cool"及更凉爽的热舒适性评价中，每一个热感受等级对应的 *PET* 范围为 4℃；从"Cool"至"Neutral"这段热感受中，每一个等级的热感受对应的范围为 5℃；其他更加炎热的热感受对应的 *PET* 范围则是 6℃。在后文中，当研究区域的热感受改变超过 6℃时，本书将其定义为"质变"。

PET 数值与对应人体热感受　　　　　　　　　　　　表3-4

PET（℃）	热感受
< 4	Very Cold（非常冷）
4~8	Cold（冷）
8~13	Cool（凉爽）
13~18	Slightly Cool（较凉爽）
18~23	Neutral（中性）
23~29	Slightly Warm（较温暖）
29~35	Warm（温暖）
35~41	Hot（热）
>41	Very Hot（非常热）

PET 可以由 Rayman 程序进行计算。本书中采用 ENVI-met 的子程序 Biomet 进行计算。需要输入的气象参数包括空气温度、平均辐射温度、相对湿度、风向与风速，人体参数包括人体参数（年龄、性别、体重、身高）、衣着参数（服装热阻）与身体（代谢率）。其中，根据 PET 定义，人体参数被统一为 35 岁的成年男性，身高为 175cm，体重为 75kg，服装热阻为 0.9clo。

3.5.2　PET 主要影响范围（IA）

为了描述绿化形式的改变对周边热舒适性的影响范围，本书引入 "PET 主要影响范围（IA）" 这一概念。

根据 Thach 等人针对 PET 与 ASMR 的研究发现 "PET 上升 1℃脑血管疾病就会出现风险率的明显上升"，且这一特征在温暖或较热的环境中更加明显[189]。Sharafkhani 等人在其研究中同样证明了这一特征，并将 1℃作为 PET 的研究跨度[171]。故而本书采用 "由于绿化形式改变而造成的居住街区内 PET 值变化幅度超过 1℃的面积占对应研究区域户外面积的比例" 来定义 "PET 主要影响范围"（IA）这一概念，记作 IA_1。IA_1 计算方式如下：

$$IA_1 = \frac{S_1}{S} \times 100\% \qquad\qquad (3-1)$$

式中　S_1——研究范围内，PET 变化超过 1℃的面积；

　　　S——研究范围内户外面积。

针对不同区域进行研究的 IA，其 S 会有所不同。例如，在进行居住街区南北向围合道路的研究中，S 为南北向围合道路的总面积；在进行居住街区住宅楼间的研究中，S 为住宅楼间的面积总和（不包含住宅楼占地面积）。

此外，考虑到 PET 定义中对于热感受高于"Neutral"的每一个等级的跨度值是6℃，本书中还对 PET 变化幅度超过6℃的面积占比进行研究，采用与 IA_1 同样的计算方法并将其称为 IA_6，以此来作为 IA_1 的补充指标。

为了对比不同尺度或不同时段案例的 IA 值，明确采用何种绿化形式会对热舒适性造成更剧烈的影响，本书采用了 IA_6 与 IA_1 的比值来进行对比。该比值越大则说明对应案例对产生热舒适性的变化更敏感。书中将该指标统称为"热舒适性敏感程度"，记作 IA_s。其计算方式如下：

$$IA_S = \frac{IA_6}{IA_1} \times 100\% \qquad (3-2)$$

式中　IA_6——研究区域内 PET 值变化幅度超过6℃的面积占比；

　　　IA_1——研究区域内 PET 值变化幅度超过1℃的面积占比。

为了对比一组模型随某一规划指标的变化特征，本书中将作为参考的案例称为"标志案例"。随指标变化的案例称为"对比案例"。若 IA 为正则代表对比案例的 PET 低于标志案例，即研究区域中占该百分比面积的区域的 PET 有所降低（本书中代表热舒适性有所改善）。若 IA 为负值则代表对比案例中相应面积比例的 PET 高于标志案例（本书中代表热舒适性有所恶化）。

类似指标在同类研究中有相似的表述，但是根据不同的研究对象与评价目的会存在不同的计算方式。本书中 IA 计算方法是基于笔者所在研究团队的相关研究所提出。IA 可以很好地描述某一案例对研究区域的影响范围，尤其可以在 PET 区别较小的案例间作为补充评价方式。

3.5.3　研究内容与对应评价指标

针对后文中的8项主要研究内容，分别采用的主要评价指标与辅助指标（表3-5）。其中，主要评价指标最能体现该项研究的主要变化特征，辅助评价指标则是从侧面描述了该项研究的变化趋势。

研究内容与对应评价指标　　　　　　　表3-5

研究内容	主要评价指标	辅助评价指标
道路绿化种植模式	PET、IA	
楼间带状绿化种植模式	IA	PET
楼间带状绿化种植区域	IA	PET
楼间块状活动绿地种植模式	IA	PET

研究内容	主要评价指标	辅助评价指标
楼间块状活动绿地种植区域	IA	
楼间块状景观绿地及小游园种植模式	IA	PET
楼间块状景观绿地及小游园种植区域	IA	
绿化优化策略对实际案例的改善效果	PET、IA	

就针对道路绿化种植模式对街区热舒适性的研究而言，PET 与 IA 分别反映街区热舒适性的变化幅度与受影响范围的变化。尤其是 IA_s 可以很好地描述不同植被种植模式下街区热舒适性发生质变范围的区别。

就楼间绿化而言，针对该类绿地对街区热舒适性的变化幅度影响较小的特点，采用 IA 与 IA_s 作为主要评价指标，从而更好地评价绿化对街区热舒适性改善范围的影响。而将 PET 作为辅助评价指标，来描述绿地对街区热舒适性的影响趋势。

针对本书提出的绿化选型在实际项目中的应用效果验证，分别从 PET 与 IA 两方面综合研究了绿化选型的实际效果。

本章主要说明了本书所采用模型的组成与各要素的合理性，主要包括：①对计算工具的选择；②对计算模型的选择；③对评价方法的选择。

在选择计算工具时，从模型整体角度出发，考虑到了本书研究的模型尺度与需要计算的精度；从模型组成部分出发，考虑到了居住街区中建筑、植被以及地面铺装的特点。在以上基础上选择了 ENVI-met 软件作为计算工具。此外，还通过"模拟—实测"研究验证了所选计算工具的效度，从而证明了其适应性。

在建立计算模型时，根据本书第 2 章的相关调研结论，分别确定了街区建筑、绿化的研究类型与对应的计算模型。

在选择评价方法时，采用了常用来描述热舒适性程度的生理等效温度，引入了 PET 主要影响范围来补充对热舒适性影响范围的评价，从而做到在对区域热舒适性进行评价时，可以同时考虑到变化程度与范围两类要素。

第 4 章

道路绿化形式对居住街区
热舒适性的影响分析及
优化设计方法

本章针对四类居住街区分别对比了 5 种植被间距与 3 种植被高度的行道树种植模式对街区热舒适性的影响。考虑到日照变化，南北向道路与东西向道路被分别研究。本章中以各街区采用连续种植 6m 植被作为标志案例（针对四类街区，分别采用 R1-0-6m、R2-0-6m、R3-0-6m、R4-0-6m 的编号方式，后文中将此类编号组缩写为 R_{1-4}-0-6m），分别对比了 6m 与 12m 植被案例，当植被间距从 0 增加到 2 后 IA_1 与 IA_6 的变化。

本节中对各种案例的编号按照居住区类型、植被间距、植被高度、是否存在中央绿化带的顺序标注。例如：在第三类居住街区中以间距为 0.5 个树冠直径的方式种植了 6m 植被的二板三带式案例编号为 R3-0.5-6m。若为同样植被种植模式的一板二带式道路，则编号为 R3-0.5-6m-N。若描述某一案例中的南北向围合道路、东西向围合道路与住宅楼间时，则会在案例编号的最后再分别增加 "-NS" "-EW" "-IN"。

本书中将 *PET* 的第一四分位值与第三四分位值所围合的区间称为 *PET* 的主要分布区间。

4.1 不同时段道路绿化种植模式对居住街区热舒适性的影响

根据本书 2.5 节调研结论，人群与居住街区产生交互的主要时段可以划分为四类。其中 T1 时段为 7：00—9：00，主要交互行为表现为晨练与上班/上学；T2 时段为 15：00—17：00，主要交互行为表现为人群的户外活动；T3 时段为 16：00—18：00，主要交互行为包括户外活动与下班/放学；T4 时段为 19：00—20：00，主要交互行为为晚间锻炼。因此，后文中分别针对上述 4 个时段的居住街区热舒适性特征进行对比分析研究。

4.1.1 T1 时段（7：00—9：00）居住街区围合道路热舒适性特点

T1 时段，四类居住街区的 2 条南北向围合道路在不同绿化形式下的热舒适性分布特征如图 4-1 所示。

以二板三带式道路为例，这个时段四类街区的热舒适性总体分布特征较为相似。四类街区的案例中，采用树冠相连的种植模式（植被间距为 0）都可以获得相对最舒适的热舒适性，且这一热舒适性要明显好于存在植被间距的情况。这一特征主要体现在 *PET* 最大值的变化中。

就 *PET* 最大值而言，当采用树冠相连的植被间距时，无论采用何种高度的树木，*PET* 最大值均位于 Warm 范围内。当植被高度达到 9m 与 12m 时，*PET* 最大值则会下降到接近

Slightly Warm 的热感受范围。然而，研究区域的 *PET* 最大值在有植被间距的案例中则会基本徘徊在 45℃左右，热感受为 Very Hot。当采用更高的植被时，*PET* 最大值会略有下降，但是热感受所处范围不变。

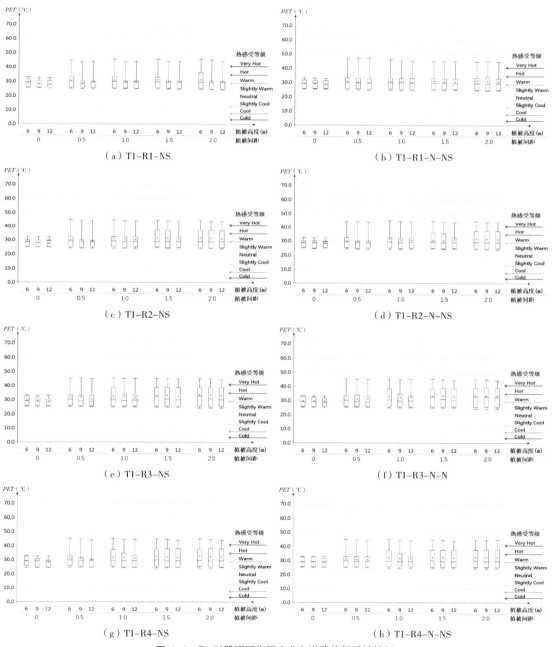

图 4-1　T1 时段不同街区南北向道路热舒适性特征

就 *PET* 主要分布区间而言，当存在植被间距时，研究区域中 *PET* 第三四分位值会出现明显上升。随着植被间距的增加，植被高度越低的案例 *PET* 值会更早上升。但是随着植被间距的进一步增大，这一数值不再有明显的变化。在随植被间距增加而上升后，*PET* 第三四分位值会从 Warm 范围上升到 Hot 范围。

随着植被高度的增加，会导致 *PET* 第三四分位值上升的对应植被间距也相应变大。此外，会导致 *PET* 第三四分位值明显上升的植被间距在四类街区中也有所不同。以植被高度为 6m 为例，当植被间距为 2 时，R1 街区的 *PET* 第三四分位值会较采用较小的植被间距案例有明显提升；当植被间距为 1.5 时，R2 街区的 *PET* 第三四分位值会较采用较小的植被间距案例有明显提升；当植被间距为 1 时，R3、R4 街区的 *PET* 第三四分位值会较采用较小的植被间距案例有明显提升。

同时，研究区域的 *PET* 平均值随着植被间距的增加也会有一定的上升。然而通过增加植被间距并不能改变研究区域 *PET* 平均值所处的热感受范围，绝大多数案例的 *PET* 平均值均位于 Warm 范围。只有 R2-0-6m 案例的研究区域热舒适性平均值为 28.7℃，热感受属于 Slightly Warm。此外，当植被间距相同时，选择较高的植被可以进一步降低 *PET* 平均值，但是降低幅度较小，最大降低幅度仅为 2.1℃（R1-1-6m）。

PET 的第一四分位值与最小值在所有街区案例中均没有明显的区别，所有案例的这两个指标均位于 Slightly Warm 范围。其中，*PET* 第一四分位值徘徊在 24.7~26.1℃，*PET* 最小值徘徊在 23.9~25.4℃。

相较二板三带式道路，一板二带式道路的 *PET* 整体上略高，这一差别主要出现在较高植被案例中的第三四分位值以及最大值中。两类道路形式的热舒适性差别幅度极小，完全不能对热感受产生影响。相较最突出的区别是，在同等种植间距条件下，植被高度变化对一板二带式道路的 *PET* 影响更小。

T1 时段，四类街区植被间距与植被高度的改变对南北向道路 *IA* 值的影响见表 4-1 所列。

以二板三带式道路为例，从 *IA* 值的变化可以看出，无论在何种类型的街区中，采用 12m 植被案例的 IA_1 均不大于采用 6m 植被的案例，最大差别为 3.2 个百分点（R1）。由此可知，选择较低矮的乔木作为行道树时，随着植被间距的增加热舒适性产生不利影响的范围会更大。但在南北向道路中不同植被高度案例的 *IA* 值差别并不大。

对比 IA_s 可知，6m 与 12m 植被案例的热舒适性敏感程度基本相同，即所有案例中凡产生热舒适性明显变化的区域均产生了热感受的质变。

此外，对比不同绿化模式的街区可以发现，当采用一板二带道路时，如果采用较低的植被作为行道树时，同类街区中 IA_1 与 IA_6 变化很小，最大差异出现在 R1 街区中，仅为 1.0 个百分点。由此可知，如果中央隔离绿化带采用较低植被时，对研究区域的热舒适性基本没有

T1时段不同街区南北向道路*IA*变化特征　　　　　　　　表4-1

植被高度	影响范围	街区类型							
		R1		R2		R3		R4	
		二板三带	一板二带	二板三带	一板二带	二板三带	一板二带	二板三带	一板二带
6m	IA_1	−26.7%	−25.7%	−29.8%	−29.8%	−40.0%	−40.0%	−35.3%	−35.3%
	IA_6	−26.7%	−25.7%	−28.6%	−28.3%	−40.0%	−40.0%	−35.3%	−35.3%
12m	IA_1	−23.5%	−25.7%	−27.4%	−29.4%	−37.3%	−40.1%	−32.9%	−35.0%
	IA_6	−23.5%	−23.5%	−27.4%	−27.4%	−37.3%	−37.3%	−32.9%	−32.9%
标志案例		（R1~R4）−0−6m；（R1~R4）−0−12m							
对比案例		（R1~R4）−2−6m；（R1~R4）−2−12m							

影响。当植被高度达到12m时，同类街区的 IA_1 变化最小也为2.0个百分点（R2），最大变化可达2.8个百分点（R3）。这一时段两种道路模式下的 IA_6 并没有出现任何变化。也就是说，在采用了较为高大的乔木作为绿化时，存在中央隔离绿化带可以让更多区域的热舒适性有明显的改善，但是这一影响并不能使得热舒适性发生质变。

T1 时段内，居住街区东西向围合道路的热舒适性变化特征，如图 4-2 所示。

以二板三带式道路为例，在植被种植间距为 0 与 0.5 时，东西向道路的 *PET* 值较为集中。当植被间距达到 1 时，研究区域的最大值会明显上升到一个较高的位置。但是此时各案例中的第三四分位值均没有如此明显的变化。当植被间距进一步增加后，*PET* 第三四分位值则会从植被较低的案例开始逐步上升。

就 *PET* 最大值而言，当植被间距为 0 与 0.5 时，东西向道路热感受均为 Warm。这一指标并没有随着植被高度的变化而产生明显的变化。当植被高度从 6m 变为 12m 时，4 个街区的 *PET* 变化最大值仅为 0.6℃（R1−0.5、R2−0.5、R3−0.5），最小值为 0℃（R4−1）。

若采用其他植被间距，道路热舒适性的最大值则会全部上升至 Very Hot 的范围。当植被高度增加后，热舒适性会有所改善。改善幅度最大达到 4.0℃（R1−1−6m 与 R1−1−12m），最小幅度则为 0.4℃（R4−2）。对比不同的居住街区，R1（多层街区）的 *PET* 最大变化幅度变化要明显大于 R2、R3、R4（高层街区）。

就 *PET* 主要分布区间而言，当种植间距为 0、0.5、1 时，无论植被高度如何，*PET* 主要分布区间所处热感受区间范围均较为类似。第三四分位值均位于 Warm 范围，第一四分位值均属于 Slightly Warm。其中，当种植间距为 0 与 0.5 时，三种植被高度案例中的 *PET* 四分位距基本一致。案例中四分位距最大为 5.2℃（R1−0.5），最小为 4.5℃（R4−0）。随着植被间距的进一步增加，当采用 6m 与 9m 植被时的 *PET* 第三四分位值先后进入 Hot 范围。其中，在 R2 街区东西向围合道路中，若采用 6m 植被，研究区域的第三四分位值更会达到 Very Hot 范围，即道路人行区域超过 1/4 面积的热舒适性都会令人感到非常不适。然而，无论植被种植间距如何增加，当采用 12m 植被时，热舒适性主要分布区间变化均较小，且第三四分位值均处于 Warm 范围。

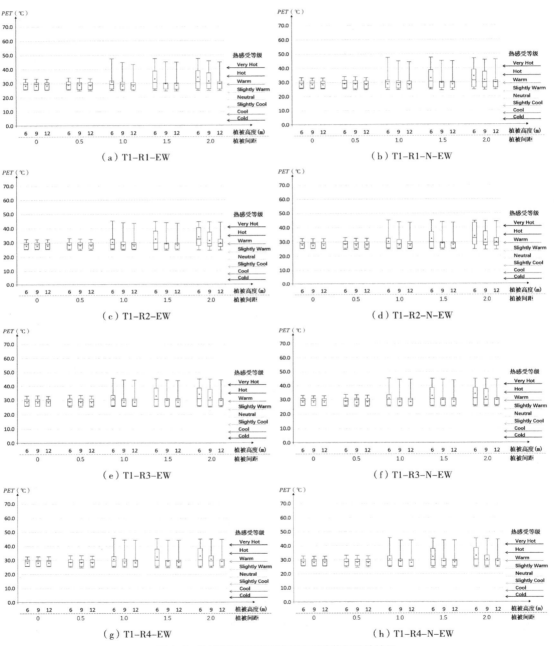

图 4-2 T1 时段不同街区东西向道路热舒适性特征

在该时段的 PET 平均值会随着植被高度的增加而明显下降。当种植间距从 0 增加到 2 后，这一下降幅度最大可达 4.5℃（R1）。PET 的最小值在所有案例中没有明显的区别。所有谷值均属于 Slightly Warm，且最大为 25.8℃（R3），最小为 24.4℃（R2）。同时，对比不同道路形式可以发现，在东西向道路中，一板二带式道路与二板三带式道路的热舒适性特征极为相似。仅在 PET 最大值与第三四分位值中存在极微弱的区别。

T1 时段，四类街区植被间距与植被高度的改变对东西向道路 IA 值的影响见表 4-2 所列。

以二板三带式道路为例，从整体数值可以发现，东西向道路的 IA 值较南北向道路明显更大，且 IA_1 与 IA_6 的数值间出现了明显的区别。

对比 IA_1 值可以发现，当采用较低的植被时，随着植被间距的增加，热舒适性被影响的范围要明显大于采用较高植被的案例。IA_1 值的最大差别可达 16.1 个百分点（R2、R3、R4），IA_6 的最大差别更是达到 32.1 个百分点（R2），即在东西向道路中，更高的植被可以明显缩小研究区域中热感受出现恶化的区域。

此外，当采用 6m 植被时，IA_s 可以达到 71.4%（R1、R3）~73.1%（R2）；然而当采用 12m 植被时，IA_s 则仅为 17.5%（R4）~26.7%（R2）。由此可知。东西向道路中，随着植被种植间距的增大，约一半研究区域的 PET 值都会有所增加。这些范围内的热感受并没有像南北向道路一样产生质变。当采用了更高大的植被时，其中热感受发生质变的面积占比会明显下降。

对比两种道路形式可以发现，一板二带式道路中植被对热舒适性变化范围的影响与二板三带式道路的影响特点极其相似。同类型街区中 IA_1 值差别均小于 0.1%。就对热舒适性的影响范围而言，可以认为二者是相同的。

T1时段不同街区东西向道路IA变化特征　　　　　　表4-2

植被高度	影响范围	街区类型							
		R1		R2		R3		R4	
		二板三带	一板二带	二板三带	一板二带	二板三带	一板二带	二板三带	一板二带
6m	IA_1	−56.0%	−56.0%	−59.9%	−59.9%	−56.3%	−56.3%	−50.3%	−50.3%
	IA_6	−40.0%	−40.0%	−43.8%	−43.8%	−40.2%	−40.2%	−36.2%	−36.2%
12m	IA_1	−40.0%	−40.0%	−43.8%	−43.8%	−40.2%	−40.2%	−34.2%	−34.2%
	IA_6	−8.0%	−8.0%	−11.7%	−11.7%	−8.0%	−8.0%	−6.0%	−6.0%
标志案例		（R1~R4）−0−6m；（R1~R4）−0−12m							
对比案例		（R1~R4）−2−6m；（R1~R4）−2−12m							

T1 时段，居住街区楼间的热舒适性变化特征如图 4-3 所示。

与街区围合道路空间的热舒适性变化特征不同，四类街区楼间的热舒适性分布特征在 T1 时段均极为稳定。无论采用何种植被间距与植被高度，研究区域的 *PET* 最大值与最小值基本

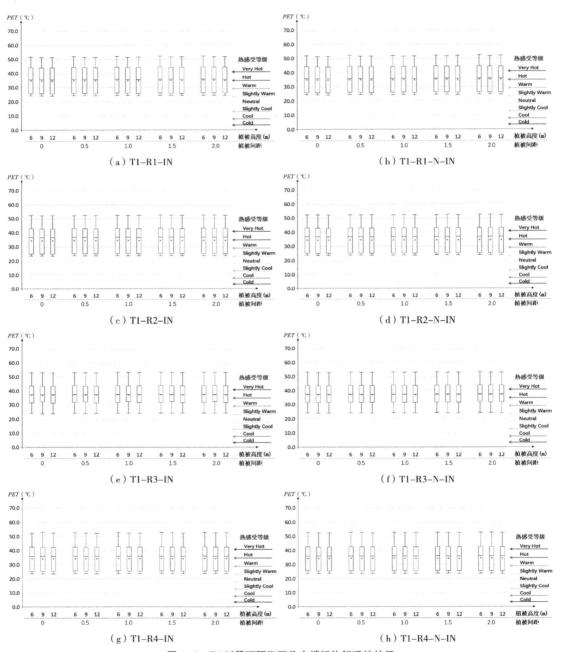

图 4-3 T1 时段不同街区住宅楼间热舒适性特征

没有变化。仅在最大值的变化中可以发现随着植被高度的增加会略有下降。变化幅度最大也仅下降 0.6℃（R-1-6m-1.5 与 R-1-9m-1.5）。由此可以认为，住宅楼间的热舒适性与围合道路植被的种植模式没有明显的关系。

因为住宅楼群区域的 PET 第三四分位值均位于 Very Hot 范围内，可以认为无论围合道路绿化如何变化，都无法改善住宅楼间热感受较差的现状，各类居住街区 1/4 以上区域存在热舒适性非常差的情况。

此外，因为住宅楼间的 PET 变化没有超过 1℃ 的情况出现，故而无论在何种道路模式下，楼间的 IA_1 与 IA_6 的数值均为 0。

对比 T1 时段（晨练及上班时段）不同区域的热舒适性变化特征可以发现：

居住街区围合道路内植被间距的缩小与植被高度的增加对围合道路的热舒适性有一定程度的改善效果。对于楼间的热舒适性改善效果可以忽略不计。

街区围合道路内 PET 值较高的区域是热舒适性变化最明显的。当东西向道路在植被间距为 1 或更大时，高度更高的植被可以更明显地改善街区围合道路的热舒适性。在南北向道路中，当植被间距不为 0 时，随着植被高度的增加 PET 值较高的区域都会有较为明显的降低，且这一降低效果不会随着植被间距的进一步增加而有明显的变化。

4.1.2　T2 时段（15：00—18：00）居住街区围合道路热舒适性特点

T2 时段内，街区围合道路内的不同绿化形式对南北向道路内热舒适性的影响如图 4-4 所示。

以二板三带式道路模式为例，从街道整体热舒适性分布特征可以发现，无论采用何种绿化形式，研究区域的热感受均以 Very Hot 为主，仅有部分区域位于 Hot 范围。其中，R1 与 R4 街区中超过 75% 的区域都存在热感受极不舒适的情况，R2 与 R3 街区也存在超过 50% 区域的热感受极不舒适的情况。随着植被间距的增加，整体热舒适性呈现出较微弱的恶化趋势。在植被间距相等时，采用高度更高的植被可以获得相对更好的热舒适性。

就 PET 最大值而言，当植被采用非连续种植时均徘徊在 55℃ 上下，且各案例差别不大。若采用连续种植的方式，PET 最大值可以明显低于其他种植模式，二者差距最大为 9.1℃（R3）、最小为 5.2℃（R1）。考虑到 PET 每一种热感受的等级范围最大为 6℃，这个下降幅度是可以产生热感受质变的。

就 PET 主要分布区间而言，随着植被种植间距的增加，四分位距会逐渐增加。同样种植间距情况下，植被越高的案例四分位距会相较更大。在 R2-1.5-12m 案例中，PET 四分位距最大，可以达到 12.3℃，而 R2-0-6m 仅为 2.5℃。

就第三四分位值而言，植被间距的变化对其有非常明显的影响。R1 街区在植被间距达到 1.5、其他类型街区在种植间距达到 1 时，街区 PET 的第三四分位值会非常明显地上升。当植被高度增加后，研究区域第三四分位值要在种植间距更大的情况下才会明显上升。以 R2 街区

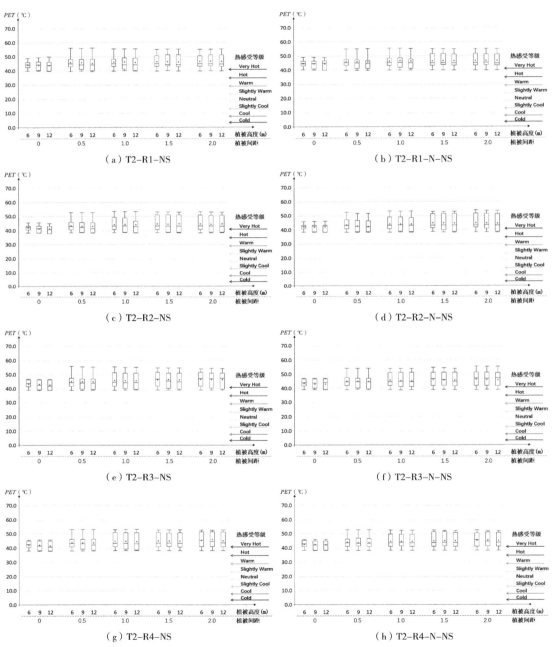

图 4-4　T2 时段不同街区南北向道路热舒适性特征

的变化为例，当种植间距达到 1 时，在植被高度为 6m、9m 的情况下，PET 第三四分位值较其他案例首先出现了突然上升的现象。植被间距增加到 1.5 时，采用 12m 植被案例的 PET 第三四分位值才随之上升。换言之，植被高度的增加会一定程度"减缓"因为植被间距增加导致的热舒适性恶化。

就 PET 第一四分位值而言，在采用 6m 植被的案例中，无论采用何种植被间距，这一指标都要明显高于采用其他两种高度植被的案例。随着植被间距的增加，采用 9m 与 12m 植被案例的第一四分位值也逐渐上升，这一变化特征在 R1 与 R4 街区中最为明显。当种植间距达到 1.5 或更远时，PET 第一四分位值已经较其他案例明显地高于 PET 最小值。

需要注意的是，同等植被间距案例间的平均数与中位数的区别均较小（PET 平均值的最大变化幅度为 0.6℃，PET 中位数的最大变化幅度为 2.0℃），且绝大多数案例中的 PET 平均值要高于中位数。即当植被间距一定时，植被高度的增加可以让研究区域中 PET 值较低的区域获得更低的数值。但是，这一变化并不能有效地改善研究区域热舒适性原本较差的部分。

此外，无论采用何种植被间距与植被高度都不能对 PET 最小值有明显的改善，所有案例中最大变化幅度也仅仅为 0.6℃（R1 与 R2）。

在 T2 时段内，采用一板二带式的街区围合道路与二板三带式案例呈现出的热舒适性分布特征与变化趋势均非常相似。整体而言，在采用一板二带式道路的案例中，PET 最大值与第三四分位值要较二板三带式道路略高，而且第三四分位值也更接近于最大值。可以认为，一板二带式道路案例在 T2 时段内会让南北向道路中热感受较热的区域感觉更热，但是这一变化幅度相较采用不同种植模式对热舒适性的影响并不明显。

T2 时段，四类街区植被间距与植被高度的改变对南北向道路 IA 值的影响见表 4-3 所列。

以二板三带式道路为例，对比不同高度植被案例的 IA_1 值可以发现，植被高度对于研究区域 IA 值没有影响，但是二者的 IA_6 值却有明显的区别，即在 T2 时段植被高度的变化并不能明

T2时段不同街区南北向道路IA变化特征　　　表4-3

植被高度	影响范围	街区类型							
		R1		R2		R3		R4	
		二板三带	一板二带	二板三带	一板二带	二板三带	一板二带	二板三带	一板二带
6m	IA_1	−35.3%	−35.3%	−34.0%	−34.0%	−45.5%	−45.5%	−41.9%	−41.9%
	IA_6	−23.5%	−23.0%	−30.2%	−26.8%	−30.3%	−27.4%	−30.6%	−24.6%
12m	IA_1	−35.3%	−37.7%	−34.0%	−35.5%	−45.5%	−47.4%	−41.9%	−43.4%
	IA_6	−21.1%	−21.1%	−31.5%	−26.2%	−36.9%	−25.6%	−33.5%	−24.5%
标志案例		（R1~R4）−0−6m；（R1~R4）−0−12m							
对比案例		（R1~R4）−2−6m；（R1~R4）−2−12m							

显地改变街区热舒适性受到影响的范围，但是选择较高的植被可以让热舒适性已改善区域中更多区域的热舒适性发生质的改变。

此外，对比不同绿化模式的街区可以发现，当采用 6m 植被时，两种道路形式造成的 IA_1 值没有区别；但是当采用 12m 的植被时，两类道路的 IA_1 值差别则会达到 1.5（R2、R4）~2.4（R1）个百分点。也就是说当采用较高的植被作为道路中央绿化带时，可以缩小因植被间距增大而产生的道路热舒适性上升的区域。该变化主要出现在 IA_1 中，IA_6 数值在两类道路形式间并无明显区别。

T2 时段内，街区围合道路内的不同绿化形式对东西向道路内热舒适性的影响如图 4-5 所示。

从 PET 的整体分布特征可以发现除最小值外，其他值均要高于 40℃。热感受更是以 Very Hot 为主，仅在植被种植间距较小及植被高度最高的案例中才有部分区域位于 Hot 范围。其中，当植被间距为 1.5 时，若采用 6m 植被则所有街区超过 75% 区域的街区热感受均为 Very Hot，在植被间距增加到 2 时，无论采用何种高度的植被，超过 75% 的街区面积均呈现出极不舒适的热感受。

以二板三带式围合道路案例为例，在同样的植被间距情况下，研究区域的 PET 最大值差别均较小。同等植被间距中，PET 最大值差别仅为 0.6℃（R1）。当种植间距由 0 增加为 0.5 时，所有街区的 PET 最大值均较之前案例有明显的上升。然而，随着植被间距的进一步增加，研究区域的 PET 最大值变化幅度则较不明显。

不同于 PET 最大值，植被间距与植被高度对 PET 值的主要分布区间会产生明显的影响。就植被间距角度而言，采用同样植被高度案例的 PET 第三四分位值在植被间距增加后会显著上升。在植被间距增大后，第一四分位值也会随之上升。以 9m 植被为例，当植被间距增加到 1.5 时，第三四分位值出现上升。随着植被间距进一步增加到 2，在第三四分位值进一步上升的同时，第一四分位值也随之上升。其他植被高度的案例中也有类似的变化特征。

同时，研究区域的 PET 平均值也会随着种植间距的增加而增加。在种植间距较大的情况下（种植间距为 1、1.5、2 时），采用更高的植被可以获得相对更舒适的热舒适性环境。最大改善幅度可达 2.9℃。

这一改善效果同样明显地作用于 PET 的第三四分位值上。最大下降幅度可以达到 8.8℃（R1）。

PET 最小值与南北向道路类似，无论如何改变植被间距与植被高度都无法对 PET 最小值产生影响，所有案例的 PET 最小值均徘徊在 38.0~40.0℃。

T2 时段，四类街区植被间距与植被高度的改变对东西向道路 IA 值的影响见表 4-4 所列。

以二板三带式案例 T2 时段的 PET 主要影响范围为例，当采用 6m 植被时，对比 IA_8 的变化可以发现，植被间距增加会导致研究区域中超过 60% 区域的热舒适性均有变差的现象。在

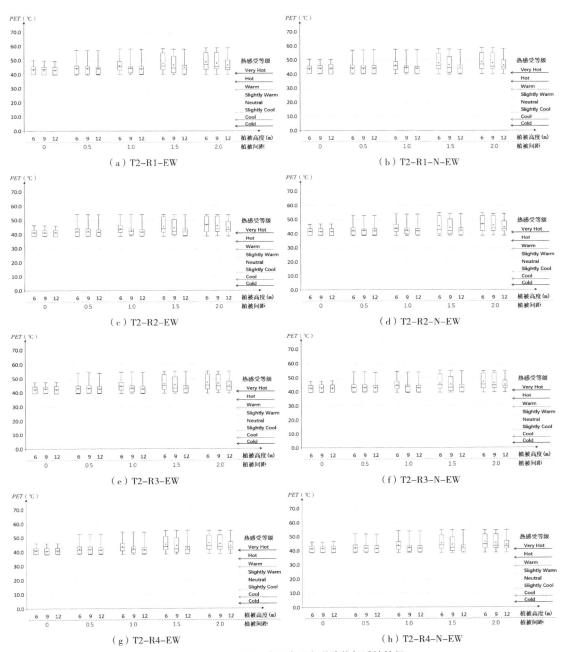

图4-5 T2时段不同街区东西向道路热舒适性特征

产生了热舒适性明显变化的区域中，更有71.3%（R3、R4）~73.1%（R2）的区域产生了热舒适性的质变。当植被高度增加到12m时，热舒适性明显恶化的区域只占研究区域的39.8%（R3、R4）~41.2%（R2）。同时植被高度的增加也会让IA_s下降至56.0%（R1）~60.4%（R2）。

总体而言，研究区域产生热感受质变的区域面积随着植被高度从 6m 增加到 12m 会减少将近 50%（IA_{6-12m} 与 IA_{6-6m} 的比值）。

此外，该时段内，采用一板二带式道路与二板三带式道路的热舒适性主要影响范围基本相同，可以认为是否增加道路中央隔离绿化带对于 T2 时段内东西向道路的热舒适性没有任何影响。

T2时段不同街区东西向道路IA变化特征　　　　　　　　表4-4

植被高度	影响范围	街区类型							
		R1		R2		R3		R4	
		二板三带	一板二带	二板三带	一板二带	二板三带	一板二带	二板三带	一板二带
6m	IA_1	−61.3%	−61.3%	−62.6%	−62.6%	−61.3%	−61.3%	−61.3%	−61.3%
	IA_6	−43.8%	−43.8%	−46.2%	−46.1%	−43.7%	−43.7%	−43.7%	−43.7%
12m	IA_1	−40.0%	−40.0%	−41.2%	−41.2%	−39.8%	−39.8%	−39.8%	−39.8%
	IA_6	−22.4%	−22.4%	−24.9%	−24.7%	−22.4%	−22.2%	−22.2%	−22.2%
标志案例		（R1~R4）−0−6m；（R1~R4）−0−12m							
对比案例		（R1~R4）−2−6m；（R1~R4）−2−12m							

T2 时段，街区围合道路内不同绿化形式对住宅楼间热舒适性的影响如图 4-6 所示。

对于住宅楼间的热舒适性，围合道路内植被高度的种植间距与高度均不会对其产生明显的影响。无论采用何种植被模式，PET 分布特征均没有明显的变化。所有街区中，超过 75% 的区域都呈现出极不舒适的热感受。以二板三带式街区为例，住宅楼间的 PET 最大值、第三四分位值、平均值都会随着种植间距的增加而略微增加，但是增加幅度均没有超过 1℃。

一板二带式街区案例与采用二板三带式道路的街区在该时段的住宅楼间热舒适性分布特征极为相似，只在 PET 主要影响范围中略有差别。二板三带案例中，该研究区域内的 IA_1 值最大为 8.5%（R1，IA_{1-12m}）。在其他三类居住街区的 IA_1 值中，最大仅为 0.7%（R2，IA_{1-12m}），这两个指标在一板二带式街区案例中分别为：3.7%（R1，IA_{1-12m}）、0.6%（R2，IA_{1-12m}）。所有案例中 IA_6 均为 0。由此可知，在选择较高植被时，采用二板三带式道路形式对多层居住区（R1）住宅楼间有一定范围的降温作用。如果采用一板二带式道路形式，这一降温范围会明显减少。植被高度对 IA 的影响程度在高层居住街区中极不明显。

对比 15：00—18：00 时段（下午活动时段）内居住街区热舒适性的分布特征可以发现，在这一时段，围合道路的绿化模式对东西向道路的热舒适性会产生最显著的影响，其次是对南北向道路热舒适性的影响，对住宅楼间区域热舒适性的改善则基本可以被忽略。这一改善效果虽然可以大幅度降低研究区域的 PET 值，但是对应的热感受仍然是以 Very Hot 为主。

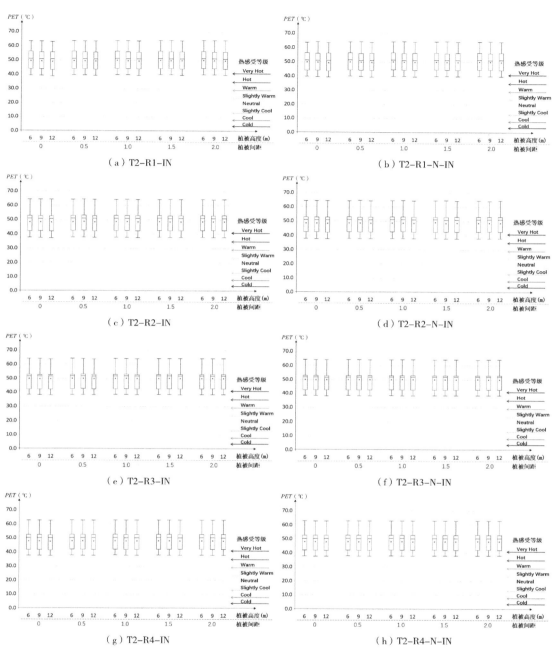

图 4-6　T2 时段不同街区住宅楼间热舒适性特征

　　该时段内，种植间距会对围合道路的热舒适性产生很强的影响，采用植被间距不超过 1 个树冠直径的布局方式可以为该区域营造出明显好于其他布局方式的热舒适性。若没有采用连续种植方式，则应该采用更高的植被来让街区获得更好的热舒适性环境。只要采用了非连续绿化形式，无论采用何种高度的行道树，研究区域中的 *PET* 最大值的热感受均会远高于 Very Hot 范围。

4.1.3　T3 时段（16：00—19：00）居住街区围合道路热舒适性特点

T3 时段，居住街区南北向围合道路的热舒适性分布特点如图 4-7 所示。

以二板三带式街区为例，该时段包含 Warm、Hot、Very Hot 三类热感受。其中，热感受为 Hot 区域的占比最大，只有极少的区域位于 Warm 范围内。在 R1 街区中，当植被间距达到 1.5 或更大时，选择 6m 的植被案例中，会出现 75% 的区域热舒适性都极不舒适的情况。在其他 3 个街区中，无论何种植被间距或高度，街区热舒适性的极不舒适区域面积都不会超过 50%。

该时段的热舒适性最显著的变化出现在 *PET* 最大值的变化特征中。当植被连续种植时，研究区域的 *PET* 最大值相较其他植被间距的案例低 8.8（R1）~10.7℃（R2），在热感受方面已经存在质的区别。

就 *PET* 主要分布区域而言，在同等植被间距的情况下，当植被较高时可以获得相对较低的第三四分位值，这一改善效果在植被间距较大时尤为明显。当植被间距达到 2 时，采用 6m 的植被与 12m 植被案例中研究区域的 *PET* 第三四分位值的差距可以达到 0.1（R1-1）~2.3℃（R1-2）。与此同时，在 R3 和 R4 街区中，随着植被的种植间距增加到 2，采用 9m 与 12m 植被时的 *PET* 第三四分位值仍然会逐渐上升，这一变化导致了不同植被高度案例间的 *PET* 差距减小。其中，R3 街区在植被间距为 1.5 时，采用 6m 与 12m 案例的 *PET* 第三四分位值差达到 1.1℃，但是当间距达到 2 时，该值会缩减到 0.9℃。R4 街区中这两个指标分别为 0.5℃ 与 0.2℃。

同时，研究区域的热舒适性平均值也会随着植被种植间距的增加而上升。当植被种植间距为 0 时，无论采用何种高度的植被，研究区域的热舒适性平均值均位于 Hot 热感受范围。当植被间距增加到 0.5 时，如果种植较低的植被（6m 植被的案例），热舒适性的平均值就会上升并达到 Very Hot 范围。随着植被种植间距的进一步增大，无论采用何种高度的植被都无法再将研究区域的热舒适性平均值改善到相对较为舒适的 Hot 范围。就 *PET* 平均值而言，随植被间距变化最大差别可以达到 3.2℃（R3）。

此外，不同植被种植模式均无法明显地改变研究区域的 *PET* 第一四分位值与最低值。

需要说明的是，在这一时段的南北向道路中，*PET* 最低值与第一四分位值基本相同，最大差距也仅为 0.3（R2 街区）~0.5℃（R3 街区）。这是与之前时段的热舒适性分布特征完全不同的。基于这一特点，本书认为在这一时段虽然仍然存在一定区域的热感受为 Very Hot，但是相较 T2 时段，整个研究区域是处在一个降温的过程中的。

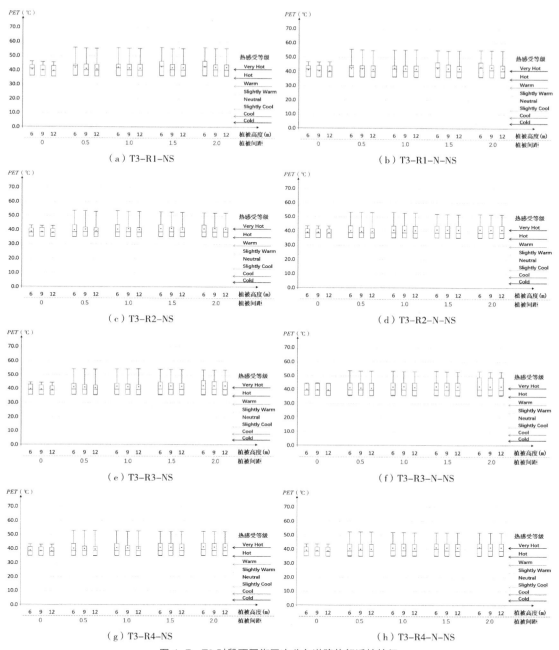

图4-7　T3时段不同街区南北向道路热舒适性特征

　　相比采用二板三带式围合道路的街区，一板二带围合道路式街区中的 PET 第三四分位值总体上相对较高。在植被较高的情况下，采用一板二带式道路的热感受相较二板三带式道路更差。这一特点在 PET 值较高的区域更加明显。

T3 时段，四类街区植被间距与植被高度的改变对南北向道路 IA 值的影响见表4-5所列。

以采用二板三带式道路的街区为例，对比不同植被高度情况下 IA_S 的变化可以发现，当植被高度更高时，研究区域的热舒适性敏感程度会更小。其中，IA_1 在不同高度植被案例中差别较小，最大差别仅为 1.2℃（R3）；然而 IA_6 的差别最小会达到 2.3℃（R2），最大更是会达到 2.7℃（R3）。由此本书认为，植被高度的增加不但可以略微缩小热舒适性被影响到的面积，更可以缩小其中发生质变区域的占比。

此外，对比两类道路形式案例可以发现，当采用 12m 植被时，如果没有中央隔离绿化带，会有 2.3（R4）~3.1（R3）个百分点的面积额外出现热舒适性明显恶化的现象，但是这一变化对 IA_6 的影响较小，最大仅为 0.5 个百分点（R1）。

T3时段不同街区南北向道路IA变化特征　　　　　　　表4-5

植被高度	影响范围	街区类型							
		R1		R2		R3		R4	
		二板三带	一板二带	二板三带	一板二带	二板三带	一板二带	二板三带	一板二带
6m	IA_1	−25.0%	−25.0%	−24.0%	−23.8%	−32.5%	−32.4%	−29.4%	−29.4%
	IA_6	−24.0%	−23.0%	−22.7%	−20.0%	−30.3%	−27.4%	−26.8%	−24.6%
12m	IA_1	−25.0%	−27.5%	−23.2%	−25.6%	−31.3%	−34.4%	−28.5%	−30.8%
	IA_6	−21.6%	−22.1%	−20.4%	−20.2%	−27.6%	−27.4%	−24.3%	−24.3%
标志案例		（R1~R4）−0−6m；（R1~R4）−0−12m							
对比案例		（R1~R4）−2−6m；（R1~R4）−2−12m							

T3 时段，居住街区东西向围合道路采用不同种植模式的热舒适性特点如图4-8所示。

从热感受角度而言，所有种植模式下的 PET 第三四分位值都处在 Very Hot 范围内。当植被间距从 0 增加到 1 时，在采用 6m 植被的情况下，研究区域的平均温度会上升至 Very Hot 范围。随着植被种植间距的进一步增加，采用 6m 植被案例的平均温度升高速度会明显超过其他案例。此外，在植被间距大于 1.5 后，案例的主要 PET 分布区间会超出 Hot 范围，局部上升至 Very Hot 范围。所有街区案例在植被间距为 2，植被高度为 6m 时，均会有 50% 以上区域的热感受极不舒适，在其他情形中则没有出现超过 50% 的情况。

就 PET 数值而言，虽然所有种植模式中的最大值都在 Very Hot 范围内，但是数值差别非常明显。当植被种植存在间距时，PET 最大值均会远超 Very Hot 感受，PET 最大值可达 51.2~57.8℃。但是当采用连续种植模式时，采用不同高度植被案例的 PET 最大值达 43.7~47.7℃，与其他案例存在质的区别。

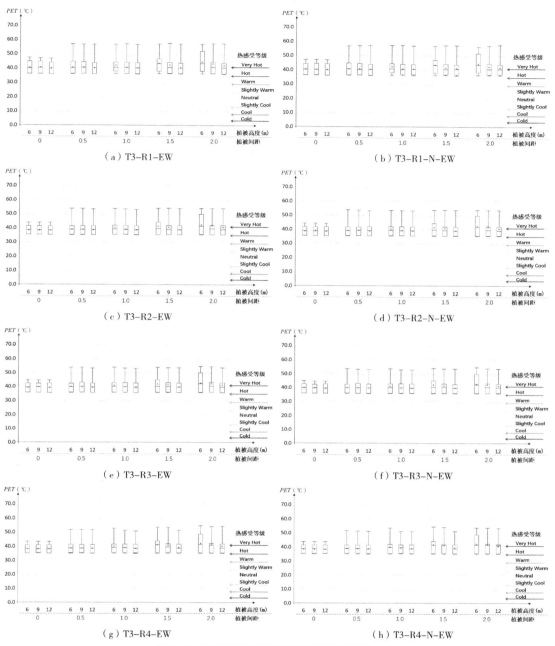

图4-8　T3时段不同街区东西向道路热舒适性特征

PET主要分布区间的变化幅度较PET最大值弱。在选择较高的植被（9m与12m）的情况下，PET主要分布区间的跨度没有明显变化，主要发生改变的是PET平均值。四类街区中PET平均值随植被间距改变而改变的最大幅度可达4.5℃。同时，植被间距对PET第一四分位值的影响较小。总体变化幅度是随着种植间距的增加而上升，但是上升最大幅度仅为 0.6℃（R1）。由此可知，在采用较高的植被时，植被间距的增加会导致研究区域中 PET 值较高区域的占比增加。然而，植被高度对于 PET 数值大小的影响则较小。

与采用较高植被的案例不同，当植被高度为 6m 时，随着植被间距的增加，第三四分位值、平均值、第一四分位值在植被种植间距从 0 变为 2 时均有明显的改变。以 R1 街区为例，这三个指标的改变幅度分别达到 7.3℃、3.9℃ 与 2.1℃。只有在选择 6m 植被时，第一四分位值才会有较为明显的上升。

此外，无论种植模式如何变化，PET 最低值的变化均不明显。研究案例中的最大变化幅度为 0.4℃（R1）。在选择 6m 高度的植被时，PET 最低值并没有像其第一四分位值或平均值一样存在明显的上升特征。

T3 时段，四类街区植被间距与植被高度的改变对东西向道路 IA 值的影响见表 4-6 所列。

以二板三带式道路为例，对比不同植被高度情况下 IA_1 值的变化可以发现，选择高度 12m 的植被可以明显地缩小热舒适性被影响的范围。对比 IA_s 与高度的变化可以发现，当植被高度更高时，热感受发生质变的区域占热舒适性有改变区域的比例更小。因此，可以认为植被高度的增加不但可以明显地缩小热舒适性被影响的面积，更可以缩小其中发生质变区域的占比。

一板二带式道路中也存在上述变化特征，二者仅在具体数值上略有不同。对比不同绿化模式的街区可以发现，当采用 6m 植被时，两种道路形式造成的 IA_1 值没有区别，但是采用 12m 的植被时，两类道路的 IA_1 值差别则会达到 0.4（R2）~2.1（R4）个百分点。也就是说当采用较高的植被作为道路中央绿化带时，可以缩小因植被间距增大而产生的道路热舒适性上升的区域，该变化趋势在之前时段也有所体现。

T3时段不同街区东西向道路IA变化特征　　　　　表4-6

植被高度	影响范围	街区类型							
		R1		R2		R3		R4	
		二板三带	一板二带	二板三带	一板二带	二板三带	一板二带	二板三带	一板二带
6m	IA_1	−50.4%	−50.4%	−42.3%	−42.2%	−41.2%	−41.2%	−48.8%	−48.8%
	IA_6	−35.6%	−35.6%	−30.9%	−30.9%	−28.9%	−28.9%	−33.0%	−33.0%
12m	IA_1	−26.6%	−27.3%	−25.7%	−26.1%	−24.3%	−25.1%	−28.2%	−30.3%
	IA_6	−12.2%	−12.6%	−14.2%	−14.8%	−12.1%	−12.8%	−14.4%	−16.9%
标志案例		（R1~R4）−0−6m；（R1~R4）−0−12m							
对比案例		（R1~R4）−2−6m；（R1~R4）−2−12m							

T3 时段，不同种植模式对住宅楼间的热舒适性影响如图 4-9 所示。

可以发现，所有种植模式案例的 PET 最大值、第三四分位值、平均值、第一四分位值、最小值所处的热感受范围均相同（Very Hot）。R1、R2、R4 街区中，均有 50% 左右的区域热感受极不舒适；R3 街区中，极不舒适区域的占比则会达到 67% 左右。

其中，随着植被高度的增加，PET 最大值会有较小幅度的下降，最大变化幅度为 0.4℃（R1）；随着植被种植间距的增加，PET 最大值会有较小幅度的增加，最大上升幅度为 1.0℃（R1）。其他指标的变化幅度较最大值更小，属于完全可以被忽略的程度。

综上所述，在 15：00—18：00 时段内，街区围合道路中热舒适性的最大值、主要分布区间、最小值受植被间距影响较小。相比较而言，种植高度对街道热舒适性的影响要更为

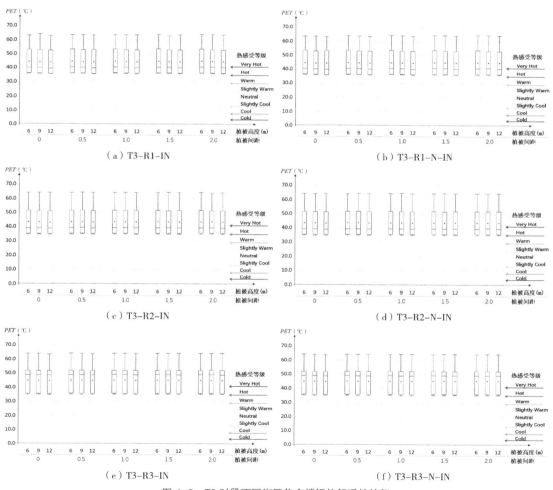

图 4-9　T3 时段不同街区住宅楼间热舒适性特征

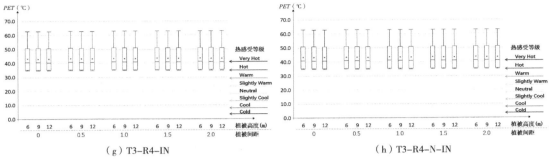

（g）T3-R4-IN　　　　　　　　　　（h）T3-R4-N-IN

图 4-9　T3 时段不同街区住宅楼间热舒适性特征（续）

明显，尤其是对 PET 值较高的区域。但是当栽种较低（6m）的乔木时，如果植被间距超过 1
则会对街区围合道路的热舒适性产生非常不利的影响。此外，绿化形式对住宅楼间热舒适性
的改善只能体现在 PET 最大值中，而且影响非常微弱，可以被忽略。

4.1.4　T4 时段（19：00—21：00）居住街区围合道路热舒适性特点

T4 时段内，各类街区的热舒适性分布都极为紧凑，如图 4-10～图 4-12 所示。同时，各
区域的热感受也相同，均属于 Warm 范围。以 PET 平均值为例，随着植被间距从 0 增加到 2，

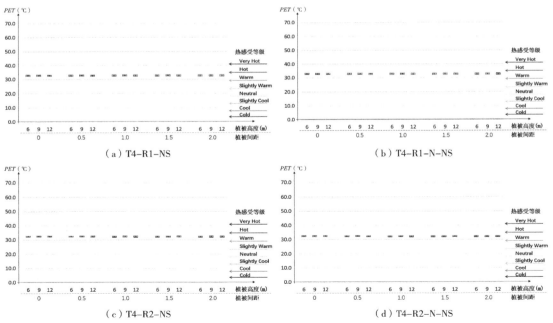

（a）T4-R1-NS　　　　　　　　　　（b）T4-R1-N-NS

（c）T4-R2-NS　　　　　　　　　　（d）T4-R2-N-NS

图 4-10　T4 时段不同街区南北向道路热舒适性特征

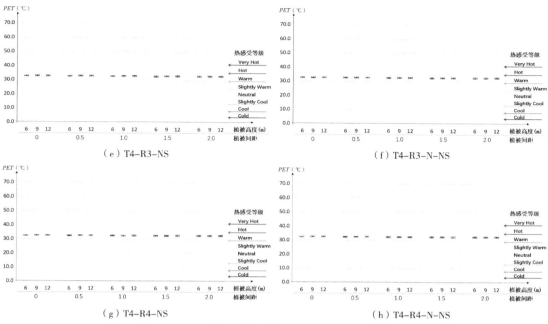

（e）T4-R3-NS　　　　　　　　　　（f）T4-R3-N-NS

（g）T4-R4-NS　　　　　　　　　　（h）T4-R4-N-NS

图4-10　T4时段不同街区南北向道路热舒适性特征（续）

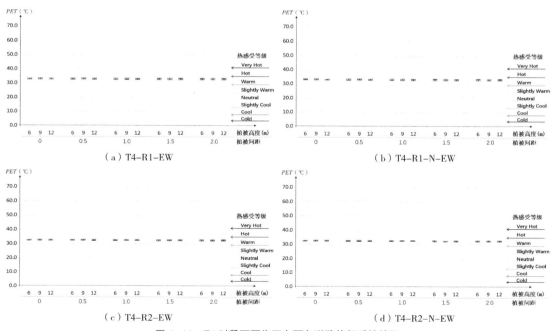

（a）T4-R1-EW　　　　　　　　　　（b）T4-R1-N-EW

（c）T4-R2-EW　　　　　　　　　　（d）T4-R2-N-EW

图4-11　T4时段不同街区东西向道路热舒适性特征

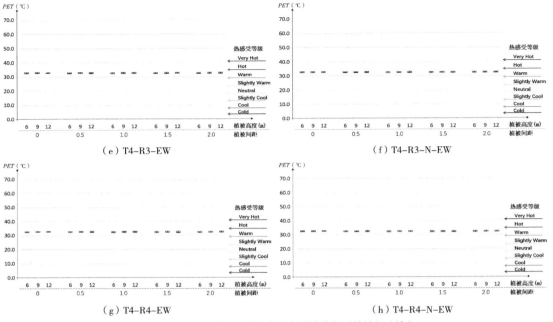

（e）T4-R3-EW　　　　　　　　　　　　　（f）T4-R3-N-EW

（g）T4-R4-EW　　　　　　　　　　　　　（h）T4-R4-N-EW

图4-11　T4时段不同街区东西向道路热舒适性特征（续）

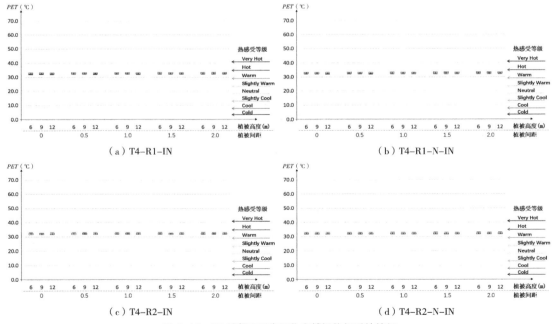

（a）T4-R1-IN　　　　　　　　　　　　　（b）T4-R1-N-IN

（c）T4-R2-IN　　　　　　　　　　　　　（d）T4-R2-N-IN

图4-12　T4时段不同街区住宅楼间热舒适性特征

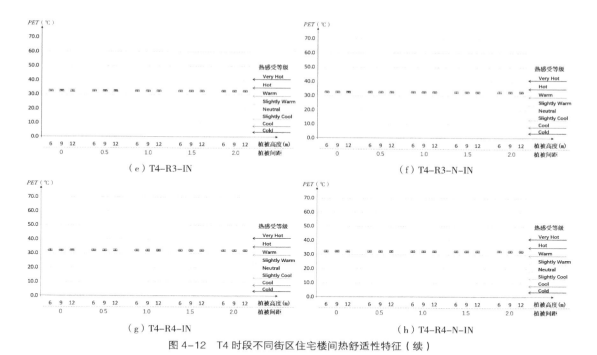

图 4-12　T4 时段不同街区住宅楼间热舒适性特征（续）

南北向道路差别最大可达 0.6℃、东西向道路差别最大可达 0.8℃。整体而言，南北向道路中的热舒适性特征比东西向道路略高，但这一差别完全可以忽略。

综合 4 个时段因道路绿化种植模式造成的围合道路热舒适性变化特点可以发现，虽然四类街区建筑布局有所不同，但是道路绿化造成的热舒适性变化趋势是相似的。

其中，最主要的特点可以归纳为以下 4 点：

（1）不同道路绿化形式对街区围合道路的热舒适性有明显的影响，但对住宅楼群区域则没有明显的影响；

（2）绿化形式对不同时段的街区热舒适性影响程度不同，但各时段的热舒适性变化趋势却存在相似性。在 T1、T2、T3 三个时段，不同绿化形式对围合道路热舒适性变化的影响较为相似。但是在 T4 时段，无论绿化形式如何变化都无法对热舒适性产生明显的影响；

（3）总体而言，植被间距越小、植被高度越高，研究区域的热感受越趋近于中性。南北向道路中的绿化形式对街区热舒适性的影响较东西向道路更加敏感，尤其是植被间距的变化对街区热舒适性的影响；

（4）两种道路形式中的热舒适性变化趋势与绿化形式的关系较为相似。同时，不同道路形式的热舒适性差别很小。

4.2 道路绿化对街区热舒适性影响原因分析

道路绿化对西安市街区热舒适性的影响主要有 3 个方面：①街道的布局形式导致的植被遮阴范围变化；②由于太阳日照角导致的阴影区变化；③西安市的"低风速"天气特点。

（1）就街道布局形式而言，一板二带式道路与二板三带式道路的最大区别包括 3 个方面：①减少了道路中央的隔离绿化带；②因为减少了隔离绿化带而导致的道路宽度不同；③为了保证道路两侧居住建筑的日照间距而导致沿街建筑的"退红线"问题。

这三个区别会直接导致围合道路内的热舒适性变化。从道路模式看，减少了中央隔离带会导致机动车道区域接收到更多的太阳辐射。从建筑布局看，理论上一板二带式道路会导致沿街建筑更加靠近，从而可以让建筑阴影更多地覆盖街区围合道路。但是根据我国现行的相关规范要求，道路两侧建筑并不能无限制地靠近，仍然需要考虑到日照和视线的最低距离要求，这一特征在东西向街道中尤为明显。本书中 3 类高层居住街区均存在这一现象，即看似一板二带式道路营造了更"窄"的道路空间，实际上沿街两侧的建筑因为"退日照"及"退红线"要求导致楼间距并没有比采用二板三带式道路产生明显的靠近。

这些特征对道路区域热舒适性的核心影响原因是不同的街道空间形态会改变街区接收的太阳辐射能量。相关研究表明，日间户外的热舒适性影响要素中，太阳辐射是影响最大的要素，这也导致不同的绿化形式会在不同时间段营造出明显不同的街区热舒适性特征（图 4-13）。

（2）不同时段的太阳照射角度也会对街区的热舒适性造成很大的影响。

T1 时段的太阳可以大致认为是位于街区东方，太阳辐射会更多地覆盖南北向道路的植被种植之间的区域。所以只要种植间距有所增加，南北向道路的热舒适性会明显恶化。对于东西向道路而言，只有当种植间距较大时，太阳辐射才能对植被种植之间的区域产生更明显的影响。

自 15：00 起（T2 时段），日光来源大致可以认为是西南方向。与日出时正东方向的日照对东西向道路的热舒适性影响较小不同，这个方向的太阳辐射会对东西向道路的无绿化区域产生更直接的影响。但是太阳辐射可以同日出时一样影响南北向道路的绿化间区域，所以南北向道路在这一时段的热舒适性分布特征与 T1 时段基本一致。

因为正午太阳的照射方向，在这段升温时段内南北向道路中的植被可以使研究区域产生更多的阴影区。因此，这段时间内东西向道路会受到比南北向道路更加明显的影响。

T3 时段与 T2 时段有 2h 的重叠，这也使得 T3 时段的街区热舒适性特征与 T2 时段呈现出较为类似的分布特征，二者的主要区别是 T3 时段街区整体 *PET* 值要较 T2 时段低，且 T3 时

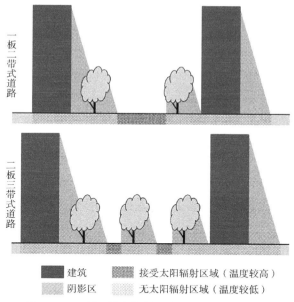

图 4-13　一板二带式道路与二板三带式道路接受到
太阳辐射区域的区别

段 *PET* 主要分布区间要小于 T2。

出现这种情况的原因是 18：00~19：00 太阳已经临近落山，较弱的太阳辐射不会因为阳光透过了更多的植被间隙而大幅度地影响街区的热舒适性，又不同于 T1 时段太阳初升时微弱的太阳辐射就会对街区热舒适性造成明显的影响。T3 时段整体呈现出的热舒适性特点是依旧存在 *PET* 较高的区域，但是 *PET* 平均值或主要分布区间均较 T2 时段更低。

T4 时段整个街区的 *PET* 值均处在一个极为密集的区间。出现这种情况的主要原因是，T4 作为晚餐后的夜间活动时段，作为对热舒适性影响最强烈的短波辐射已经随着太阳落山而不再变化。故而该时段的热舒适性较为稳定且集中，基本不存在改善空间。

（3）在西安这种风速较低的城市，只要充分地进行遮阳就可以获得相对较好的户外热舒适性，而不必考虑种植密度或高度对风环境的阻碍。

在植被间距越大的案例中，采用更高植被可以通过营造更大的阴影区来减少人行区域接收到的太阳辐射的特征才会逐渐变得重要。因此，在进行街区绿化模式的选择中，首先要考虑的是植被种植间距（即种植密度），其次才是植被高度（即树种或树龄）。

因为住宅楼间距离街道绿化相对较远，采用不同的街道绿化形式在各个时段均不会对住宅楼间热舒适性有明显的影响。总体而言，随着较 T1 时段更久的能量交换，在 T2、T3 时段种植密度越大的案例可以让住宅楼间获得相对更好的热舒适性环境。从 *PET* 数值角度而言，该改善效果完全可以被忽略。

综合考虑上面三点可以发现，在选择居住街区围合道路的植被种植模式时，需要考虑的主要内容是不同时段围合道路内部的热舒适性特点，对住宅楼间的热舒适性特征则不需要过分考虑。

4.3 居住街区围合道路绿化设计方法

4.3.1 不同类型街区围合道路的可选植被形式

各时段建议采用的绿化形式见表4-7所列，表中植被高度项分别用6m、9m、12m代指低、中、高类植被。

在进行居住街区绿化形式选型时，设计师不仅需要考虑到对居住街区的热舒适性营造，还需要考虑绿化的使用功能、景观效益和经济性问题。因此，在对居住街区适宜绿化形式的选择中，不仅需要寻求"最优解"（首选项），还需要分析其"次优解"（可选项）与"下限解"（最低要求），从而使得设计师在进行实际项目设计时拥有较多的操作性与针对性，避免造成"千城一面"的规划形式。表中"首选项"代表采用这种种植方式可以在街区中获得相对最舒适的热舒适性环境；"可选项"代表采用这种道路绿化模式可以让街区获得仅次于采用首选项营造出的热舒适性，即仅会对PET最大值产生影响，而极少对PET其他指标产生影响；"最低要求"是指采用这种绿化模式可以让街区获得不明显劣于采用可选项营造出的热舒适性。

不同类型街区围合道路的可选绿化形式　　　　　　　表4-7

时段	项目	植被间距	植被高度（m）	适应街区类型
T1	首选项	0	低、中、高	R1、R2、R3、R4
	可选项	0.5	低、中、高	R1、R2、R3、R4
		1	中、高	R1、R2、R3
	最低要求	1	中	R3、R4
		1.5	高	R1、R2
T2	首选项	0	低、中、高	R1、R2、R3、R4
	可选项	0.5	低、中、高	R1、R2、R3、R4
		1	高	R1、R2

续表

时段	项目	植被间距	植被高度（m）	适应街区类型
T2	最低要求	0.5	低、中、高	R3、R4
		1	低、中、高	R1
		1	高	R2、R3、R4
T3	首选项	0	低、中、高	R1、R2、R3、R4
	可选项	0.5~1	低、中、高	R1、R2、R3、R4
	最低要求	1.5~2	中、高	R1、R2、R3、R4
		1.5	低	R1、R2、R3、R4
T4	首选项	0~2	低、中、高	R1、R2、R3、R4
全天	首选项	0	低、中、高	R1、R2、R3、R4
	可选项	0.5	低、中、高	R1、R2、R3、R4
		1	高	R1、R2
	最低要求	1	中	R1、R2、R3、R4

同时，因为植被在设置后是无法随时间变化而变化的，因此在进行居住街区设计时，要充分考虑到绿化对全天各个时段的热舒适性影响。为了解决这一问题，需要分别先提出适宜全天 4 个人群主要活动时段的适宜街区绿化形式，再将其综合成适宜全天的居住街区绿化形式。如表 4-7 所示，本书先将所有时段内均为首选项的绿化形式作为居住街区的绿化首选形式，再将适宜部分时段的绿化形式首选项与适宜于所有时段的可选绿化形式作为居住街区的绿化可选形式，最后将适宜部分时段的绿化形式可选项与适宜于所有时段的最低要求绿化形式作为居住街区的绿化最低要求。

在这一绿化选型原则下，综合 T1~T4 时段的适宜绿化模式可知，所有类型的居住街区在采用树冠相连的植被间距时，均可让街区获得最舒适的热环境。此外，所有类型的居住街区还可以采用树冠间距为半个树冠的植被间距，这种种植模式也可以让居住街区获得较为良好的热舒适性。在采用上述两种植被间距时，植被高度的选择较为自由，在街区规划中可以根据景观或城市上位规划的需求选择适宜的绿化及植被类型。此外，在行列式居住街区中选择较高的植被时，还可以选择一个树冠大小的植被种植间距。最后，所有街区还可以采用树冠间距为一个树冠大小、种植植被高度中等的种植模式来获得热舒适较差环境下相对最好的效果。

4.3.2　道路绿化形式在设计选型中需要注意的问题

4.3.1 节所提出的建议绿化形式是针对理想状态中的居住街区空间特点的，但是在实际建设项目中还有许多限制要素会影响绿化形式的确定。其中最主要的问题可以大致归纳为 3 个方面：

1. 居住街区的上位规划限制

在我国道路设计中，道路等级是由上位规划确定的。因此，在日常规划建设中无法要求街区围合道路宽度与行车道数都能保持一致性。在实际项目中，街区围合道路出现城市快速路、主干路的情况时有发生。

此外，虽然类似西安市等以"方格网"、栅格式道路划分的城市中绝大部分道路均为正南北、东西布置，但是在局部道路中并不一定完全符合这一特点。因此，在对这类居住街区围合道路进行绿化设计，就需要根据本书4.2节中描述的对不同朝向道路热舒适性影响原因进行综合考虑。

2. 主观产热导致的限制

如上所述，城市上位规划会影响居住街区围合道路的车道数量。车道数与道路级别又会直接影响围合道路内的汽车通行量。本书中并未考虑主观产热的情况，但在实际问题中应在车流量更大的道路中选择对热舒适性改善能力更强的绿化形式进行弥补。

此外，居住街区的自身主观产热也会对相应研究结论产生影响。例如，夏季居住街区中空调室外机的存在就会对区域热环境产生明显的影响，而且这类主观产热也有明显的随时间变化而变化的特点。这一特点使得在进行绿化设计时需要留出相应的操作空间而非最低限制。

3. 居住街区日照要求导致的限制

因为"退日照"等原因产生的街区外围空间也需要进行更合理的规划。在日常生活中，这部分区域通常都被用作裙房商业前的广场，很少进行有条理的绿化建设。在这类空间的建设中，应该协调沿街商铺的辨识度、市民活动以及与道路的绿化等多种要素。当街区围合道路选择植被高度相对低矮或植被间距较大的绿化形式时，应该在该区域中增加绿化，尤其是乔、灌木的设置。在街区南侧围合道路中如存在该类空间则更需要增加相应数量的高大绿化，从而减轻街区整体的热负荷。

本章主要是探讨居住街区围合道路的绿化形式对街区人群主要出行时段热舒适性的影响。其中，道路形式考虑了一板二带式道路与二板三带式道路两类，绿化形式考虑了5种植被间距与3种植被高度的多种组合形式，并最终得出居住街区道路绿化的建议形式。

主要结论如下：

（1）就全天4个主要活动时段而言，T1、T2、T3时段街区热舒适性的变化趋势基本一致，主要区别仅在具体数值方面。其中，T2时段是热舒适性变化最为复杂的时段，也是全天热舒适性最差的时段；T4时段街区热舒适性非常稳定，与绿化形式没有明显关系。

（2）就研究区域而言，植被间距与植被高度的增加对围合道路的热舒适性有一定程度的改善效果，对住宅楼间的热舒适性改善效果可以忽略不计，仅会略微降低PET最大值。其中，南北向围合道路在植被间距为0时可以获得明显的热舒适性，东西向围合道路在植被间距为

0 与 0.5 时可以获得最佳的热舒适性。

当植被间距相同时，选择较高的植被可以降低 *PET* 平均值。植被间距越大时，该变化越明显。在南北向道路中，4 个时段的 *PET* 最大降低幅度分别为 2.1℃、0.6℃、3.2℃、0.6℃。东西向道路的 *PET* 最大降低幅度则分别为 4.5℃、2.9℃、4.5℃、0.8℃。

此外，更高的植被还可以缩小研究区域中热感受发生质变区域的占比，即降低空间的热舒适性敏感程度，这一特征在东西向道路中尤为明显。

（3）就不同道路形式而言，二板三带式道路（存在中央隔离绿化带）在采用较高大的植被作为绿化时，较一板二带式道路的热舒适性有一定程度的改善，但是这一影响并不能使得热舒适性发生质变。

两种道路形式营造出的热舒适性主要影响范围差最大分别为 2.8（T1）、2.4（T2）、3.1（T3）与 0（T4）个百分点，该差别均出现在南北向道路中。在东西向道路中，因为道路形式而产生的热舒适性主要影响范围差可以忽略。采用较低的植被时，上述变化特征依然存在，但是变化幅度明显较小。4 个时段的 IA_1 最大差别分别为 1.0、0、0.5、0 个百分点。

第 5 章

楼间绿化形式对居住街区
热舒适性的影响分析

本章讨论不同楼间绿化形式对居住街区热舒适性的影响特征。楼间绿化形式按照带状与块状分别讨论。在对不同形式的绿化进行分析时，考虑到其在现实中可能出现的形态组合并加以模型化。最后，根据模型化的结果对街区楼间绿化选形提出建议。

5.1　带状绿化对居住街区热舒适性的影响

本节对四类居住街区中带状绿化对街区热舒适性的影响进行了研究，每类街区的带状绿化形式都考虑了 5 种高度的植被和 5 种种植间距。植被高度包括 0.2m、1.2m；6m、9m、12m；植被间距包括 0（树冠相连种植）、0.5、1、1.5、2（树冠间距为 2 个树冠）。主要研究范围是居住街区住宅楼间。为了了解绿化形式的改变对整个街区的影响，还考虑了每种绿化形式对街区围合道路的热舒适性影响。

此外，本节以连续种植 6m 植被（R_{1-4}-X0-6m）为标志案例。标志案例被用来对比植被间距与植被高度的变化对住宅楼间区域 IA 值的影响程度。因为街区带状绿化对围合道路的热舒适性影响能力有限，本节并不考虑绿化类型对围合道路 IA 值的影响。

本节中对各种案例的编号按照居住区类型、植被间距、植被高度的顺序标注。例如，在第三类居住街区中以间距为 0.5 个树冠的方式种植了 1.2m 灌木的带状绿化案例被编号为 R3-X0.5-1.2m。为了与第 4 章的案例编号区分，本节的编号在植被间距数值前均加字母"X"。与之前编号方式相同，若描述某一案例中的南北向围合道路、东西向围合道路与住宅楼间时，则会在案例编号的最后再分别增加"-NS""-EW""-IN"。因为本章中考虑了单侧种植带状绿化的情况，如采用带状绿化仅设置在住宅楼北侧，则在案例编号末尾补充"-N"。若仅设置于住宅楼南侧，则补充编号"-S"。

5.1.1　带状绿化的种植模式对居住街区热舒适性的影响

1. T1 时段（7：00—9：00）居住街区热舒适性特征

在 T1 时段内，四类居住街区的南北向围合道路在采用不同街区带状绿化形式下的热舒适性分布特征如图 5-1 所示。

根据图中所示，这个时段内 4 个街区的 PET 数值总体分布特征较为相似。在该时段内，植被种植间距的变化对于街区围合道路热舒适性的影响非常小。在四类街区中，植被间距从 0 增加到 2 导致的 PET 平均值恶化幅度分别为：0.6℃、0.4℃、0.2℃、0.2℃。采用较高的植被

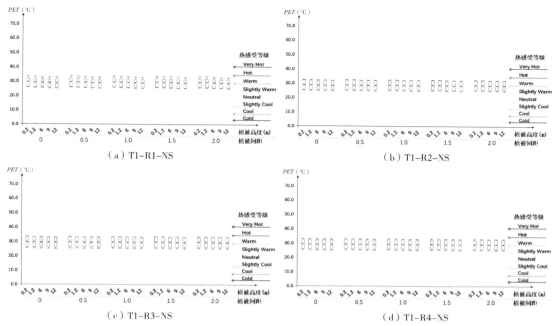

图 5-1　T1 时段不同类型街区南北向围合道路热舒适性特征

可以获得相对较为明显的热舒适性改善效果。

就热感受变化而言，无论带状绿化采用何种绿化模式，*PET* 最大值与第三四分位值均位于 Warm 范围内。所有案例的 *PET* 平均值则徘徊在 Slightly Warm 与 Warm 范围间。随着植被高度的增加，*PET* 平均值会从 Warm 范围下降至 Slightly Warm 范围。*PET* 第一四分位值与最小值则都位于 Slightly Warm 范围内。

与第 4 章中道路绿化形式对热舒适性的影响不同，随着带状绿化种植间距的加大，并不会出现对围合道路热舒适性明显不利的变化。这一变化特征说明楼间带状绿化对围合道路的影响主要取决于其植被高度。在四类街区中，采用 12m 植被可以较 0.2m 植被案例中街区 *PET* 平均值低 0.7℃、0.4℃、0.2℃、0.3℃。虽然采用更高的植被可以让围合道路获得更好的热舒适性，但是这一改善效果并没有道路绿化对其热舒适性的影响大，尤其是针对 *PET* 最大值及数值较高的区域。

T1 时段，四类居住街区的东西向围合道路在采用不同街区带状绿化形式下的热舒适性特征如图 5-2 所示。

与南北向道路的热舒适性变化特点类似，在东西向道路中，植被间距的变化对于街区围合道路热舒适性的影响基本没有区别。当植被间距为 2 时，较连续种植的 *PET* 值会有极微弱的下降。四类街区中，植被间距增加导致的 *PET* 平均值恶化幅度分别为：0.6℃、0.2℃、0.2℃、0.2℃。

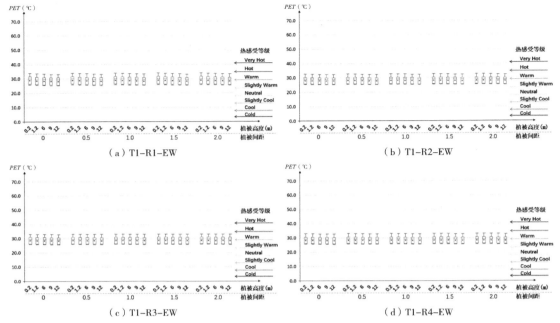

图5-2　T1时段不同类型街区东西向围合道路热舒适性特征

　　此外，在种植间距一定时，若采用较高的植被则可以获得相对更加明显的热舒适性改善效果。这一改善效果体现在箱形图的所有值上。就平均值而言，四类街区采用12m植被的案例可以较采用0.2m植被的案例分别低0.7℃、0.3℃、0.2℃、0.3℃。

　　不同于南北向道路，东西向道路的PET最大值与第三四分位值也出现了下降。然而，虽然PET数值上有所下降，但是所处的热感受范围却和南北向道路没有区别，即无论带状绿化采用何种绿化模式，PET最大值与第三四分位值均位于Warm范围内。所有案例的PET平均值则徘徊在Slightly Warm与Warm范围间。随着植被高度的增加，PET平均值会从Warm范围下降至Slightly Warm范围。PET第一四分位值与最小值则都位于Slightly Warm范围内。

　　T1时段，四类居住街区的住宅楼间在采用不同带状绿化形式下的热舒适性分布特征如图5-3所示。

　　从热舒适性变化趋势可以看出，在T1时段，植被高度对住宅楼间的热舒适性有非常明显的影响。随着植被高度的增加，研究区域的PET平均值与第一四分位值均有明显下降，尤其是植被高度从0.2m上升至6m的过程中。当植被高度高于6m后PET平均值与中位数依然保持相同的下降幅度，但是PET第一四分位值下降速度则明显变缓。此外，当植被较低时，PET平均值基本位于最大值与最小值的中间，当植被高度增加后，PET平均值会更加接近最小值。同时，无论采用何种高度的植被，PET第三四分位值与最大值的差别都要明显地大于最小值与第一四分位值的差别。上述变化特点与植被间距均没有明显的关系。

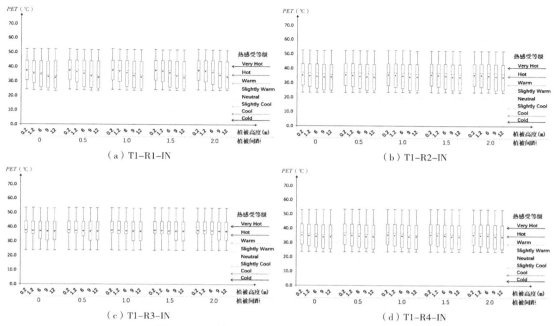

图5-3　T1时段不同类型街区住宅楼间热舒适性特征

就 *PET* 数值而言，无论采用何种植被高度与植被间距，研究区域的 *PET* 最大值、第三四分位值与最小值均没有明显变化，变化幅度均未超过 1.0℃。在四类居住街区中，植被间距从 0 增加到 2 导致的 *PET* 平均值恶化幅度分别为：4.1℃、1.2℃、0.7℃、1.1℃。

研究区域的 *PET* 平均值与第一四分位值的变化与植被高度呈现出了非常明显的线性关系。当植被间距为 0 时，随着植被高度从 0.2m 增加到 12m，四类居住街区的 *PET* 平均值下降幅度最为明显。四类居住街区的 *PET* 平均值下降幅度分别为 5.0℃、1.5℃、0.8℃、1.3℃。当植被种植间距增加到 2 时，这一改善幅度会略有减少，四类居住街区案例的 *PET* 平均值下降幅度分别会减小 0.3℃、0.2℃、0℃、0.1℃。

PET 第一四分位值随着植被高度增加而降低的变化特点较 *PET* 平均值更加明显。随着植被高度进一步增加后（6~12m），*PET* 第一四分位值的下降幅度则会变小。当植被间距较大时，需要采用更高的植被才能出现上述变化。以 R1 为例，当植被间距为 0~1.5 时，植被高度从 0.2m 上升到 6m 间 *PET* 均明显下降。在植被高度从 6m 上升至 12m 时，*PET* 第一四分位值的下降幅度会明显变缓。然而，当种植间距达到 2 时，植被高度从 0.2m 增加到 9m 之间均有明显的 *PET* 下降。只有植被高度达到 9~12m 时这一变化才会变缓。这种变化特点在 R1 与 R3 中尤为明显。

就热感受变化而言，所有类型的居住街区中无论采用何种植被间距与植被高度，*PET* 最大值、第三四分位值与最小值所处热感受区间均没有变化。三者分别位于 Very Hot、Very Hot

与 Slightly Warm 感受区间内。PET 平均数与第一四分位值所处区间则有较为明显的热感受变化。R1 街区中，随植被高度的增加，PET 平均数跨越了 Hot、Warm、Slightly Warm 三个热感受区间。R2 与 R4 街区的 PET 平均值则随植被高度增加跨越了 Hot 与 Warm 两个热感受区间。R3 街区中 PET 平均值虽有下降，但没有改变其所处热感受区间，保持在 Hot 区间内。在四类街区中，PET 第一四分位值所处区间的变化跨度最大的为 R1 与 R3 街区，分别跨越了 Warm、Slightly Warm 与 Hot、Warm。R2、R4 街区内的 PET 第一四分位值所处热感受区间没有变化，均位于 Slightly Warm 范围内。

T1 时段，各类街区中植被高度对热舒适性主要影响范围的变化见表 5-1 所列。

对比 0.2m 植被与 1.2m 植被案例可知，采用这两种高度的植被案例中 IA_1 基本一致，主要区别出现在 IA_6 中。由此可知，植被从 0.2m 增加到 1.2m 与从 1.2m 增加到 6m 过程的最大区别是后者明显地缩小 PET 发生质变的区域，即降低了街区的热舒适性敏感程度。当植被高度从 6m 增加到 12m 时，无论是 IA_1 还是 IA_6 均未有明显变化。也就是说，通过植被高度的进一步增加而导致的 PET 值下降是在相同范围内产生的，并不能加大热舒适性改善区域。

由此可知，当利用可以形成阴影区的植被对热舒适性进行改善时，街区的热舒适性敏感程度要明显低于使用无法产生阴影区的植被案例。但是，植被进一步增高后却无法对 IA 值产生明显的影响。

T1时段内植被高度对IA值的影响　　　　　　　　　表5-1

植被高度	影响范围	街区类型			
		R1	R2	R3	R4
0.2m	IA_1	−22.6%	−7.7%	−4.7%	−6.6%
	IA_6	−22.5%	−7.6%	−4.3%	−6.5%
1.2m	IA_1	−21.2%	−7.0%	−4.4%	−6.0%
	IA_6	−11.7%	−1.4%	−0.6%	−1.3%
6m	IA_1	0	0	0	0
	IA_6	0	0	0	0
9m	IA_1	37.0%	3.3%	2.0%	2.7%
	IA_6	15.2%	3.3%	1.9%	2.6%
12m	IA_1	37.0%	3.3%	2.0%	2.7%
	IA_6	15.2%	3.3%	1.9%	2.6%
标志案例		（R1~R4）−X0−6m			
对比案例		（R1~R4）−X0−0.2m/1.2m/9m/12m			

植被间距改变对 IA 值的影响见表 5-2 所列。

不同于植被高度对 IA 值的影响呈现出阶段性的变化特点，植被间距的增加会使得 IA 持续扩大。也就是说，只要植被种植间距有所增加，研究范围内热舒适性恶化的区域就会有所增加。而且这种变化特征不仅出现在 IA_1 中，在 IA_6 中也呈现出了相同的变化趋势。

T1时段内植被间距对IA值的影响　　　　　　　　　　　表5-2

植被间距	影响范围	街区类型			
		R1	R2	R3	R4
0	IA_1	0	0	0	0
	IA_6	0	0	0	0
0.5	IA_1	−6.9%	−1.3%	−0.8%	−2.6%
	IA_6	−2.5%	−0.3%	0	−1.3%
1	IA_1	−10.5%	−2.7%	−1.4%	−2.6%
	IA_6	−6.0%	−1.4%	−0.6%	−1.5%
1.5	IA_1	−10.8%	−2.8%	−2.0%	−3.5%
	IA_6	−6.6%	−1.7%	−1.2%	−2.3%
2	IA_1	−11.5%	−3.8%	−2.2%	−3.5%
	IA_6	−8.3%	−2.7%	−1.5%	−2.7%
标志案例		（R1~R4）−X0−6m			
对比案例		（R1~R4）−X0.5/X1/X1.5/X2−6m			

在植被间距从 0 增加到 1 期间，IA_1 与 IA_6 的变化相比较为明显；种植间距进一步增加后，二者变化幅度则会明显变小。四类街区中植被间距从 0 增加到 1 导致的 IA_1 变化幅度分别占其由 0 到 2 间总变化的 91.3%、71.1%、63.6%、74.3%。由此可知，当植被不采用连续种植方式时，会有明显的热舒适性恶化区域。但是当植被种植间距超过 1 后，采用更大的种植间距也不会明显地扩大热舒适性恶化区域。

2. T2 时段（15：00—18：00）居住街区热舒适性特征

T2 时段，四类居住街区的南北向围合道路在采用不同街区带状绿化形式下的热舒适性变化特征如图 5-4 所示。

就箱形图各指标变化趋势而言，随着植被高度的增加，各项数值均有微弱的下降。四类街区随植被高度增加导致的 PET 平均值下降幅度分别为：1.2℃、0.5℃、0.3℃、0.9℃。但是这一变化与植被间距并没有明显的相关性。四类街区中，植被间距增加导致的 PET 平均值恶化幅度分别为：0.9℃、0.3℃、0.2℃、1.0℃。

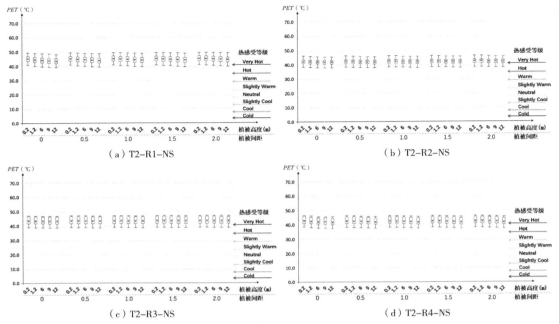

图 5-4　T2 时段不同类型街区南北向围合道路热舒适性特征

此外，无论是由植被高度还是植被间距变化导致的 PET 变化的幅度均较小，各类指标均未改变其所处热感受区间。所有案例中，超过 75% 的区域的热感受均为极不舒适。

T2 时段，四类居住街区的东西向围合道路在采用不同街区带状绿化形式下的热舒适性变化特征如图 5-5 所示。

与南北向道路类似，植被高度可以让研究区域的热舒适性整体有所改善。但是植被间距的改变对街区热舒适性却没有明显的影响。四类街区中，植被高度增加导致的 PET 平均值变化幅度分别为 1.5℃、0.5℃、0.3℃、1.2℃，植被间距导致的 PET 平均值变化则仅为 1.0℃、0.3℃、0.2℃、1.0℃。

东西向道路在 PET 第一四分位值上与南北向道路有明显的区别。东西向道路中的 PET 第一四分位值与最低值极为接近，但是南北向道路中则没有这一特点。由此可知，东西向道路有更多区域的热舒适性要较南北向道路更为舒适。虽然东西向道路热舒适性较为舒适，仍然存在 50% 以上的区域处在热感受极不舒适的区域，其中，R1 与 R3 街区更是有将近 75% 的区域的热感受极不舒适。

T2 时段，四类居住街区的住宅楼间在采用不同带状绿化形式下的热舒适性变化特征如图 5-6 所示。

从箱形图各指标的变化特征可以发现，在该时段，种植间距与植被高度的变化都无法对 PET 最大值与最小值产生明显的影响。在 R1、R4 街区中可以相对明显地看出 PET 最大值会

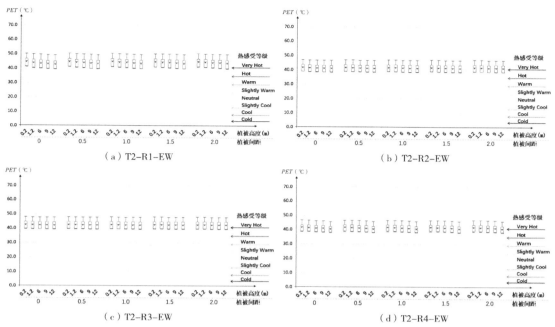

图5-5　T2时段不同类型街区东西向围合道路热舒适性特征

随着植被高度的增加而有微弱的降低。

研究区域的 *PET* 主要分布区间变化特点与 T1 时段类似，即随着植被高度的增加，研究区域的 *PET* 平均值与第一四分位值均有明显的下降。尤其是 *PET* 第一四分位值，在四类街区中，随着植被高度从 0.2m 增加到 12m 均有超过 1℃的下降。下降幅度会随着种植间距的增加而降低，四类街区随着植被高度的增加而导致的 *PET* 平均值下降幅度分别为 3.1℃、1.2℃、0.5℃、2.4℃，该变化幅度要明显大于植被间距对街区 *PET* 平均值的影响幅度。四类街区随着植被间距由 0 增加到 2 导致的 *PET* 平均值恶化幅度分别为 2.0℃、0.8℃、0.3℃、1.8℃。

虽然 T2 时段的 *PET* 分布特征与 T1 时段类似，但该时段整体 *PET* 值要更高。以 R1 为例，在 T1 时段，其中 *PET* 平均值的热感受处于 Warm 和 Hot 范围内。但是在 T2 时段，*PET* 平均值则全部处在 Very Hot 范围内。只有在采用了 9m 或更高植被时，R1 街区的 *PET* 第一四分位值才会下降到 Hot。这一变化特点说明，如果要在 T2 时段获得相对较好的热感受，必须要采用足够高的植被。

就植被高度变化对研究区域 *IA* 值的影响而言，T2 时段的变化趋势与 T1 时段极为相似（表 5-3）。与标志案例对比，T2 时段在选择较高的植被时，对于 IA_l 的改善幅度要明显小于 T1 时段；在选择较低的植被时，热舒适性恶化的范围则会更大。此外，该时段 IA_s 较 T1 时段更大，即在 T2 时段通过选择较高植被对热舒适性的改善范围内，会有更多的区域热舒适性

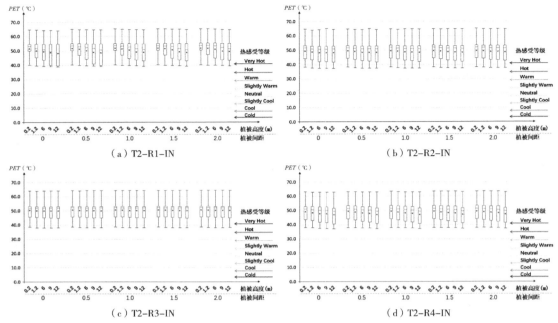

图 5-6　T2 时段不同类型街区住宅楼间热舒适性特征

有质的改善。需要说明的是，该时段虽然会有更大比例的质的改善，然而热感受整体仍处在
Very Hot 范围。

植被间距变化对 IA 值的影响见表 5-4 所列。

由表 5-4 可知，该时段的热舒适性主要影响范围变化趋势与 T1 时段相似。在植被间距小
于 1 时，种植间距的增大会对街区有明显的不利影响。然而当植被间距超过 1 后，这一变化
则会明显变小。四类街区中植被间距从 0 增加到 1 导致的 IA_1 值变化幅度分别占其由 0 到 2 间
总变化的 85.1%、68.5%、75.0%、76.2%。

T2时段内植被高度对IA值的影响　　　　　　　　　　　　　　　　表5-3

植被高度	影响范围	街区类型			
		R1	R2	R3	R4
0.2m	IA_1	−30.8%	−9.2%	−4.3%	−7.6%
	IA_6	−27.3%	−6.7%	−3.7%	−4.5%
1.2m	IA_1	−26.7%	−6.6%	−3.8%	−6.6%
	IA_6	−13.8%	−1.2%	−0.6%	−1.3%
6m	IA_1	0	0	0	0
	IA_6	0	0	0	0

续表

植被高度	影响范围	街区类型			
		R1	R2	R3	R4
9m	IA_1	15.2%	4.1%	3.1%	2.2%
	IA_6	10.7%	0.7%	0.3%	2.2%
12m	IA_1	15.3%	4.9%	3.4%	2.8%
	IA_6	10.7%	0.2%	0.1%	2.2%
标志案例		（R1~R4）－X0-6m			
对比案例		（R1~R4）－X0-0.2m/1.2m/9m/12m			

T2时段内植被间距对IA值的影响　　　　　　　　　表5-4

植被间距	影响范围	街区类型			
		R1	R2	R3	R4
0	IA_1	0	0	0	0
	IA_6	0	0	0	0
0.5	IA_1	−9.8%	−1.8%	−0.8%	−2.8%
	IA_6	−3.3%	−0.3%	0	−0.8%
1	IA_1	−16.0%	−3.2%	−1.5%	−3.2%
	IA_6	−7.9%	−1.4%	−0.6%	−1.2%
1.5	IA_1	−16.0%	−3.4%	−1.7%	−4.2%
	IA_6	−8.7%	−1.8%	−1.2%	−2.1%
2	IA_1	−18.8%	−4.7%	−2.0%	−4.2%
	IA_6	−11.2%	−2.6%	−1.5%	−3.1%
标志案例		（R1~R4）－X0-6m			
对比案例		（R1~R4）－X0.5/X1/X1.5/X2-6m			

3. T3 时段（16：00—19：00）居住街区热舒适性特征

T3 时段，四类居住街区的南北向围合道路在采用不同街区带状绿化形式下的热舒适性变化特征如图 5-7 所示。

就变化趋势而言，该时段的热舒适性变化特征与 T2 时段基本相同，即随着植被高度的增加，PET 的各项数值均有微弱的下降，且这一变化与植被间距间没有明显的相关性。四类街区随植被高度增加导致的 PET 平均值下降幅度分别为 1.3℃、0.5℃、0.3℃、0.6℃，然而随着植被间距增加导致的 PET 平均值恶化幅度仅为 0.9℃、0.3℃、0.2℃、0.5℃。

在 T3 时段，PET 第一四分位值与最小值非常接近。同时，箱形图的各指标均较 T2 时段低。T3 时段研究区域的 PET 平均值位于 Hot 范围内，而不像 T2 时段为 Very Hot。同时，在 R2

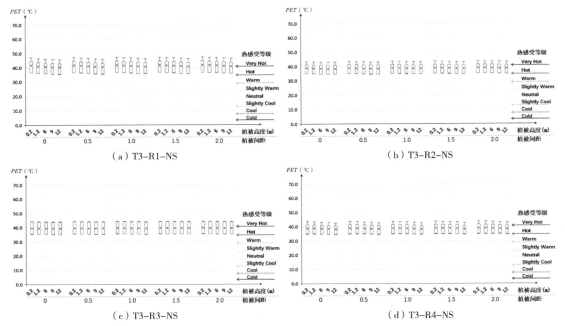

图 5-7　T3 时段不同类型街区南北向围合道路热舒适性特征

与 R4 街区中，部分案例的第三四分位值也会下降至 Hot 范围内（R2-X0-9m、R2-X0-12m、R2-X0.5-12m、R4-X0-12m、R4-X0.5-12m、R4-X1-12m、R4-X1.5-12m、R4-X2-12m）。

此外，高层街区（R2、R3、R4）的 PET 第一四分位值与最低值随植被高度与植被间距的变化极为微弱。PET 变化主要体现在 PET 最大值与第三四分位值。

总体而言，在 T3 时段，南北向道路的热舒适性变化幅度较 T1、T2 时段明显要弱。PET 箱形图中的所有指标均未发生热舒适性的质变。

T3 时段，四类居住街区中东西向围合道路在采用不同带状绿化形式下的热舒适性变化特征如图 5-8 所示。

该时段东西向道路与南北向道路的热舒适性变化趋势基本一致，故而不再赘述。以 PET 平均值为例，四类街区随植被高度增加导致的 PET 平均值下降幅度分别为 1.3℃、0.5℃、0.3℃、0.7℃，然而随着植被间距增加导致的 PET 平均值恶化幅度仅为 0.9℃、0.3℃、0.2℃、0.6℃。

T3 时段，四类居住街区的住宅楼间在采用不同带状绿化形式下的热舒适性分布特征如图 5-9 所示。

PET 最大值、最小值而言，该时段的热舒适性变化特征与 T2 时段保持一致，即随植被高度增加呈现出微弱的下降趋势。

从 PET 主要分布区间可以发现，随着植被高度从 0.2m 增加到 12m，研究区域的第三四分位值会有所下降。在采用连续种植时，第三四分位值在四类街区中会分别下降 1.6℃、

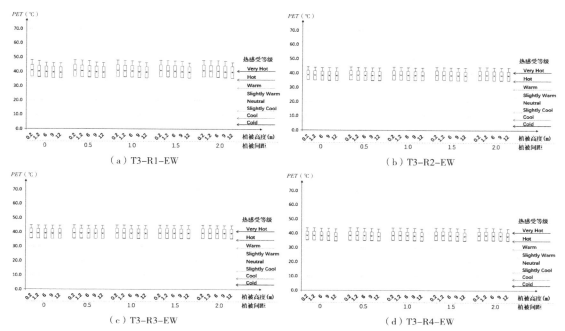

图 5-8　T3 时段不同类型街区东西向围合道路热舒适性特征

0.5℃、0.1℃、1.8℃。同时，该下降幅度会随着植被种植间距的增加而有极微弱的减小。该减小幅度在四类街区中均未超过 0.5℃，基本可以忽略。这一变化趋势与 T2 时段较为类似。同时，随着植被高度的增加，*PET* 第一四分位值也会有所下降。四类街区的下降幅度分别为 1.2℃、0.7℃、0.6℃、0.8℃。

总体而言，第一四分位值的下降幅度较第三四分位值略小。由此可知，植被高度的增加可以让研究区域的 *PET* 四分位距逐渐缩小，但是该变化不会让街区热舒适性产生质变。

该时段，*PET* 平均值与中位数会随植被高度改变而有明显的变化。其中，*PET* 平均值随植被高度的增加呈现出线性下降的变化特征。当植被高度从 0.2m 增加到 12m 时，四类街区的 *PET* 平均值的最大降幅分别为 3.5℃、1.1℃、0.7℃、1.6℃。*PET* 中位数较平均值随植被高度增加而下降的幅度更加明显。四类街区的最大降幅分别为 10.6℃、2.8℃、1.1℃、2.2℃。该变化与植被间距间没有明显的线性关系，且采用不同植被间距所导致的 *PET* 降幅差别较小。当植被间距从 0 增加到 2 时，*PET* 平均值的降幅分别为 2.5℃、0.8℃、0.4℃、1.1℃。

此外，T3 时段与 T2 时段 *PET* 分布的较大区别出现在第一四分位与 *PET* 最小值的间距中。在 T3 时段，这一差距明显要小于 T2 时段，即该时段整体上的热舒适性更趋近于中性。

就热感受变化而言，所有案例的 *PET* 最大值与第三四分位值均要远超 Very Hot 范围。同时，研究区域的 *PET* 平均值也都处在 Very Hot 范围内。四类街区的 *PET* 第一四分位值与最小值均位于 Hot 范围内，且较为接近 Warm 范围。

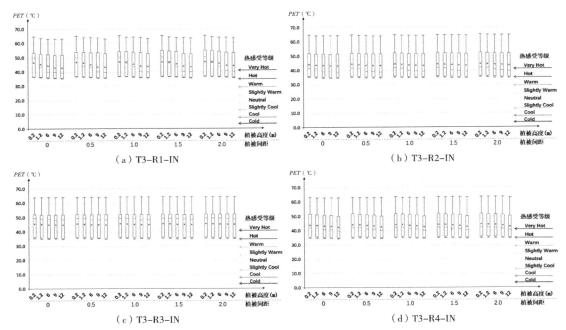

图 5-9　T3 时段不同类型街区住宅楼间热舒适性特征

T3 时段，植被高度与植被间距对住宅楼间 IA 值的影响分别见表 5-5、表 5-6 所列。

T3时段内植被高度对IA值的影响　　　　表5-5

植被高度	影响范围	街区类型			
		R1	R2	R3	R4
0.2m	IA_1	−26.6%	−7.9%	−5.8%	−5.8%
	IA_6	−23.0%	−5.5%	−3.9%	−5.0%
1.2m	IA_1	−22.5%	−5.2%	−4.5%	−5.0%
	IA_6	−16.7%	−1.3%	−1.6%	−1.4%
6m	IA_1	0	0	0	0
	IA_6	0	0	0	0
9m	IA_1	12.3%	2.3%	3.0%	2.5%
	IA_6	10.2%	0.8%	1.3%	2.4%
12m	IA_1	12.5%	2.7%	3.5%	2.8%
	IA_6	10.2%	0.8%	1.4%	2.4%
标志案例		（R1~R4）–X0–6m			
对比案例		（R1~R4）–X0–0.2m/1.2m/9m/12m			

T3时段内植被间距对IA值的影响　　　　　　　　　　表5-6

植被高度	影响范围	街区类型			
		R1	R2	R3	R4
0	IA_1	0	0	0	0
	IA_6	0	0	0	0
0.5	IA_1	−7.1%	−1.2%	−0.7%	−1.8%
	IA_6	−2.6%	−0.2%	0	−0.7%
1	IA_1	−11.9%	−2.1%	−1.3%	−2.0%
	IA_6	−5.5%	−0.9%	−0.6%	−0.8%
1.5	IA_1	−11.8%	−2.3%	−1.8%	−2.7%
	IA_6	−5.5%	−1.2%	−1.1%	−1.6%
2	IA_1	−13.8%	−3.2%	−2.1%	−3.2%
	IA_6	−7.8%	−1.9%	−1.5%	−2.2%
标志案例		（R1~R4）–X0–6m			
对比案例		（R1~R4）–X0.5/X1/X1.5/X2–6m			

就植被高度变化对研究区域 IA 值的影响而言，T3 时段因为植被高度变化导致的 IA 值改善幅度均小于 T1 与 T2 时段，即 T3 时段植被高度变化对 IA 值的影响较之前时段更弱。需要说明的是，虽然变化幅度较小，但该时段依然呈现出这样的特点：植被高度从 0.2m 升高到 6m 时，可以降低街区的热舒适性敏感程度。然而当植被高度从 6m 增加到 12m 时，虽然可以进一步增加已改善热舒适性的区域面积，但是热舒适性发生质变区域面积变化很小。

就植被间距变化对研究区域 IA 值的影响而言，依然存在植被间距小于 1 与超过 1 后两种不同的变化程度。在植被间距小于 1 时，植被间距的增大会对街区有明显的不利影响，然而当植被间距超过 1 后，这一变化则会明显缩小。四类街区中植被间距从 0 增加到 1 导致的 IA_1 值的变化幅度分别占其由 0 到 2 间总变化的 86.2%、65.6%、33.3%、56.3%。在 T3 时段，IA_1 与 IA_6 值均明显小于 T2 时段且略大于 T1 时段。

4. T4 时段（19：00—21：00）居住街区热舒适性特征

T4 时段，街区热舒适性变化特征如图 5-10~ 图 5-12 所示。

因为该时段太阳已经落山，无论是植被高度还是植被间距都无法对街区热舒适性产生明显的影响，所有案例的 PET 值均位于 31.0~34.0℃，热感受均属于 Warm 范围。以 PET 平均值为例，随着植被间距从 0 增加到 2，四类街区南北向道路差别分别为 0.4℃、0.1℃、0.1℃、0.6℃，东西向道路差别分别为 0.4℃、0.1℃、0.1℃、0.2℃，住宅楼间差别分别为 0.1℃、0.1℃、0.1℃、0.3℃；随着植被高度从 0.2m 增加到 1.2m，四类街区南北向道路差别分别为 0.5℃、

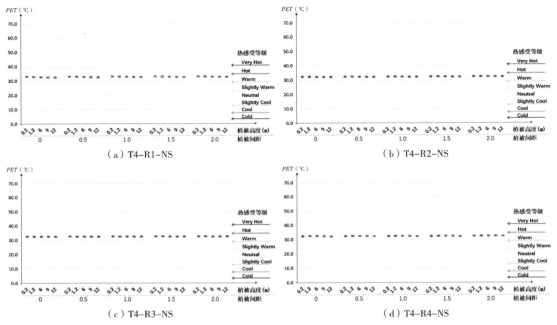

（a）T4-R1-NS （b）T4-R2-NS

（c）T4-R3-NS （d）T4-R4-NS

图 5-10 T4 时段不同类型街区南北向围合道路热舒适性特征

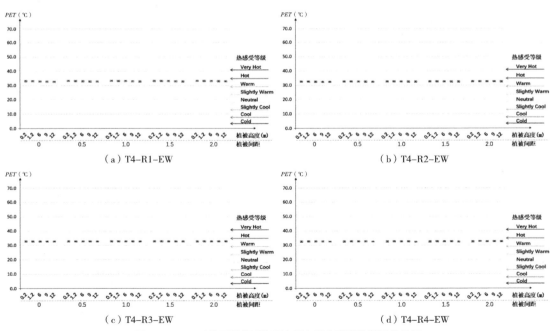

（a）T4-R1-EW （b）T4-R2-EW

（c）T4-R3-EW （d）T4-R4-EW

图 5-11 T4 时段不同类型街区东西向围合道路热舒适性特征

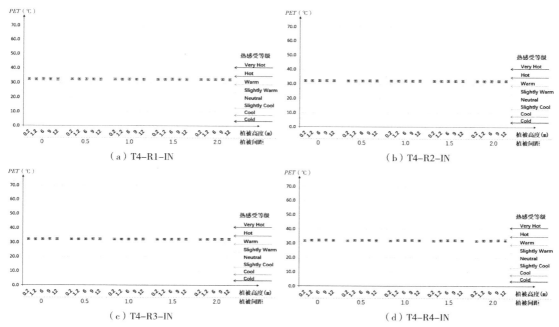

图5-12 T4时段不同类型街区住宅楼间热舒适性特征

0.2℃、0.1℃、0.1℃，东西向道路差别分别为0.5℃、0.2℃、0.1℃、0.5℃，住宅楼间差别分别为0.1℃、0.1℃、0.1℃、0.2℃。

总体而言，住宅楼间的 PET 最大值与最小值的差别要大于道路，两种朝向的道路热舒适性在该时段没有明显的区别。

综合4个时段因楼间带状绿化种植模式造成的住宅楼间热舒适性变化特点可以发现，四类街区中的热舒适性变化趋势非常相似，差别仅表现在具体 PET 数值的区别上。总体而言，4个研究时段的主要变化特点可以归纳为以下4点：

（1）楼间带状绿化的种植模式变化对住宅楼群区域有明显的影响，尤其是对 IA 值的影响尤为明显，但是对街区围合道路的热舒适性影响较小；

（2）所有类别居住街区案例的住宅楼间中，植被间距的变化对街区热舒适性的影响均较小，但是植被高度的增加却可以较为明显地降低街区 PET 值；

（3）高的植被可令街区获得更大的 IA 值。当植被高度从0.2m增至6m，热舒适性发生质变的区域面积变化要明显大于植被高度从6m增至12m导致的热舒适性质变区域；

（4）当植被间距小于1时，植被间距的增大会对街区产生明显的不利影响。然而当植被间距超过1后，这一变化幅度则会明显变小。

5.1.2　带状绿化的种植区域对居住街区热舒适性的影响

从本书5.1.1节的结论可以看出，带状绿化的种植对街区围合道路的热舒适性虽然有改善，但是其最主要的影响区域是住宅楼间。因此，本节主要研究对象则是带状绿化的种植区域对住宅楼间的热舒适性的影响。本节中，以 R_1-X0-6m、R_2-X0-6m、R_3-X0-6m、R_4-X0-6m 为标志案例，对比带状绿化单列种植案例对研究区域热舒适性的影响。

1. T1 时段（7：00—9：00）居住街区热舒适性特征

T1 时段，仅于住宅楼南、北侧设置带状绿化与双侧均设置带状绿化对热舒适性的影响如图 5-13 所示。

从整体趋势可以看出，双侧设置带状绿化的案例会获得相对良好的热舒适性，这一特点主要体现在研究区域的 *PET* 平均值上。需要说明的是，这一特征在植被采用连续种植的情况下最明显，双侧种植较单侧种植案例的 *PET* 平均值最多低 1.9℃、0.6℃、0.4℃、0.6℃。

此外，在 R1 街区中，*PET* 第一四分位值也呈现出与植被种植区域的相关性。以 R1 街区的 *PET* 第一四分位值为例，当植被种植间距为 0 时，将绿化仅布置在住宅楼北的案例中，无论 *PET* 平均值还是第一四分位值均明显高于双侧种植。然而，将绿化布置在住宅楼南的案例中，虽然这两项指标仍然要高于标志案例，但是明显低于将绿化布置在住宅楼北的案例，这

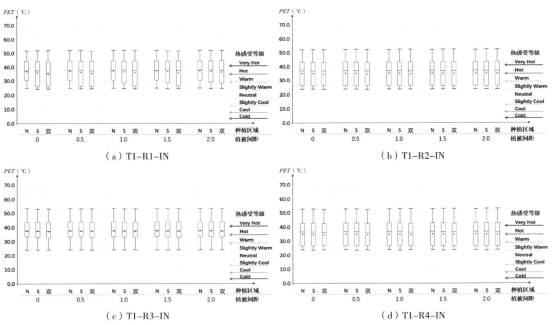

（a）T1-R1-IN　　　　　　　　　　　（b）T1-R2-IN

（c）T1-R3-IN　　　　　　　　　　　（d）T1-R4-IN

图 5-13　T1 时段内带状绿化种植区域对住宅楼间热舒适性的影响

一变化特征在种植间距为 0 与 0.5 时尤为明显。随着种植间距的进一步增加，当植被种植间距达到 1 或更大时，将带状绿化布置于住宅楼南的案例 PET 第一四分位值也会明显升高。然而，即使其数值升高，仍然明显低于将绿化布置于楼北侧的案例。

需要说明的是，这一变化特征在其他三类街区中均存在，只是这一变化特征相比 R1 街区较弱。总体上可以认为，将带状绿化布置在住宅楼南侧的案例热舒适性要略好于将其布置在住宅楼北侧。然而，无论采用何种方式，均无法达到双侧布置带状绿化的热舒适性特征。

T1 时段，单侧设置带状绿化的案例与双侧设置案例的 PET 主要影响范围的区别见表 5-7 所列。

对比 IA_1 与 IA_6 可以发现，在 T1 时段的 PET 主要影响范围中，四类街区基本都产生了质变，即 IA_6 均极为接近 IA_1。也就是说，无论采用何种单侧布置带状绿化的方式，都会使街区部分区域的热舒适性恶化。四类街区中，因为采用单侧种植而产生的明显热舒适性变化范围（IA_1）最大分别可达 14.2、4.1、2.7、3.9 个百分点。

对比两类单侧布置绿化的案例可以发现，若将带状绿化单独布置在住宅楼北侧，则会较南侧有更多区域的热舒适性恶化。与标志案例对比，若将带状绿化单独设置在住宅楼北侧，将会分别较将其设置在南侧案例中多产生的 69.0%、78.3%、58.8%、39.3% 恶化范围。可以看出，除 R4 类型街区外，其他街区均会额外产生超过一半面积的热舒适性恶化区域。

T1 时段带状绿化种植区域对 IA 值的影响　　　　　　　　　　表5-7

种植区域	影响范围	街区类型			
		R1	R2	R3	R4
X0–6m –N	IA_1	−14.2%	−4.1%	−2.7%	−3.9%
	IA_6	−14.1%	−4.1%	−2.6%	−3.8%
X0–6m –S	IA_1	−8.4%	−2.3%	−1.7%	−2.8%
	IA_6	−8.3%	−2.3%	−1.7%	−2.8%
标志案例		（R1~R4）–X0–6m			
对比案例		（R1~R4）–X0–6m–N/S			

2. T2 时段（15：00—18：00）居住街区热舒适性特征

T2 时段，仅于住宅楼南、北侧设置带状绿化与双侧均设置带状绿化对研究区域热舒适性的影响如图 5-14 所示。

从该时段的热舒适性变化可以发现，无论采用何种单侧种植方式所获得的街区热舒适性区别均较小。同时，两类单侧种植模式的热舒适性均比双侧种植案例差，这一特点随种植间距越小越明显。单侧种植对街区热舒适性有不利影响，主要不利点出现在最大值与第一四分

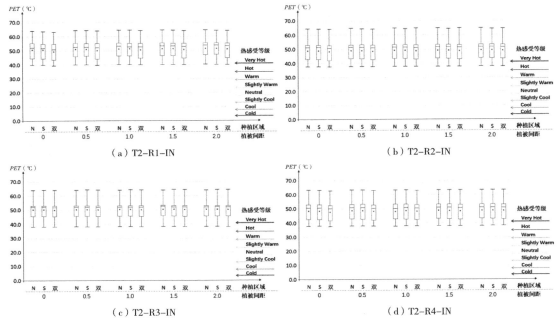

图 5-14　T2 时段内带状绿化种植区域对住宅楼间热舒适性的影响

位值中。其中，仅在 PET 第一四分位值中出现 PET 变化幅度超过 1℃ 的情况，即在该时段采用单侧带状绿化布局会较双侧布局使街区热舒适性恶化。这一恶化主要体现在会让原街区中 PET 较低的区域有微弱的升温。就 PET 平均值而言，双侧种植比单侧种植最多可令住宅楼间下降 1.4℃、0.5℃、0.3℃、0.7℃。

需要说明的是，无论采用何种单侧绿化布局，上述热舒适性恶化特征均存在。相比较而言，将带状绿化布置在住宅楼南侧会获得相对较好的热舒适性。

T2 时段，单侧设置带状绿化的案例与双侧设置案例的 IA 主要影响范围的区别见表 5-8 所列。

从数值上可以发现，两种单侧布置带状绿化方式所产生的热舒适性不利影响范围基本相同，四类街区较双侧种植方式产生的热舒适性主要影响范围最大分别可达 15.2、3.3、1.9、3.8 个百分点。

T2时段带状绿化种植区域对IA值的影响　　　　　　　　　　　　　表5-8

种植区域	影响范围	街区类型			
		R1	R2	R3	R4
X0-6m -N	IA_1	−15.2%	−3.3%	−1.9%	−3.8%
	IA_6	−13.8%	−3.0%	−1.8%	−3.3%

续表

种植区域	影响范围	街区类型			
		R1	R2	R3	R4
X0–6m –S	IA_1	−15.2%	−3.3%	−1.8%	−3.7%
	IA_6	−13.8%	−2.8%	−1.7%	−2.9%
标志案例		（R1~R4）–X0–6m			
对比案例		（R1~R4）–X0–6m–N/S			

相比较而言，将其布置在住宅楼南可以分别少产生个 0、0.2、0.1、0.4 百分点的热舒适性不利影响范围（IA_6）。需要说明的是，两种单侧种植布局的 IA 值差别极小，仅在 R4 街区中存在 0.1 个百分点的区别。

3. T3 时段（16：00—19：00）居住街区热舒适性特征

T3 时段，仅于住宅楼南、北侧设置带状绿化与双侧均设置带状绿化对研究区域热舒适性的影响如图 5-15 所示。

在该时段，变化最明显的指标出现在 PET 第三四分位值、平均值与中位数中。以 PET 平均值为例，在四类街区中均呈现出两侧种植案例最低，单侧布置于住宅楼南其次，单侧布置于住宅楼北 PET 最高的变化特点。单侧布置带状绿化较双侧布置案例 PET 平均数最大会高出 1.5℃、0.5℃、0.4℃、0.6℃。

就 PET 中位数而言，四类街区呈现出了 3 种变化特征。其中，R1 街区内，采用两侧布置带状绿化的案例 PET 中位数要明显低于其他两种布局方式，这一特征在种植间距越小的案例中越明显，且与 T2 时段非常相似。R2 街区呈现出单侧布置于住宅楼南侧与两侧布置的案例 PET 要明显低于将带状绿化布置于住宅楼北侧的案例，该变化特征与 T1 时段较为相似。R3、R4 街区中，带状绿化的布局方式对热舒适性没有产生如此大的影响，基本呈现出与 PET 平均值变化特征类似的变化趋势。

总体而言，在 T3 时段内，采用双侧布置带状绿化的形式可以让街区获得最佳的热舒适性。若采用单侧布置方式时，应选择将其布置于住宅楼南侧使街区获得相对较好的热舒适性。虽然优化带状绿化的布局形式可以改善街区的热舒适性但区域内的热感受不会发生变化。

T3 时段，单侧设置带状绿化的案例与双侧设置案例的 PET 主要影响范围的区别见表 5-9 所列。

与之前时段由种植区域导致的影响范围变化特征类似，T3 时段若将带状绿化单独设置在住宅楼北侧，相对将其设置在南侧案例会分别多产生的 41.7%、66.7%、84.2%、68.2% 恶化范围（IA_1）。与此同时，四类街区采用单侧种植的案例会较双侧种植案例最大产生 15.3、3.0、3.5、3.7 个百分比的热舒适性明显恶化（IA_1）。由此可知，该时段的 PET 数值变化幅度虽然没有 T1

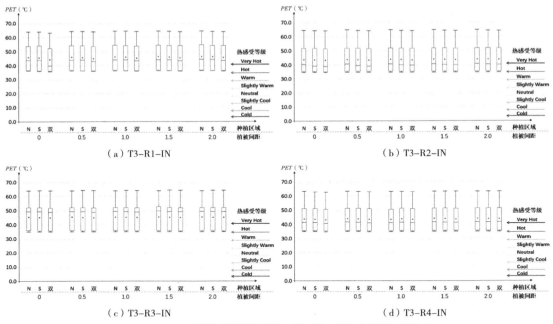

图 5-15　T3 时段内带状绿化种植区域对住宅楼间热舒适性的影响

时段明显，但是对 *IA* 值的影响明显更为剧烈。也就是说，在该时段两种单侧布置方式所形成的街区热感受均没有明显的区别，但是若将带状绿化布置在住宅楼南侧则可以让更多区域的热舒适性获得改善。

T3时段带状绿化种植区域对*IA*值的影响　　　　　　表5-9

种植区域	影响范围	街区类型			
		R1	R2	R3	R4
X0-6m -N	$IA_{1-1.2m}$	−15.3%	−3.0%	−3.5%	−3.7%
	$IA_{6-1.2m}$	−14.4%	−2.9%	−3.3%	−3.5%
X0-6m -S	IA_{1-6m}	−10.8%	−1.8%	−1.9%	−2.2%
	IA_{6-6m}	−9.4%	−1.5%	−1.9%	−1.8%
标志案例		（R1~R4）-X0-6m			
对比案例		（R1~R4）-X0-6m-N/S			

4. T4 时段（19：00—21：00）居住街区热舒适性特征

T4 时段，仅于住宅楼南、北侧设置带状绿化与双侧均设置带状绿化对研究区域热舒适性的影响如图 5-16 所示。

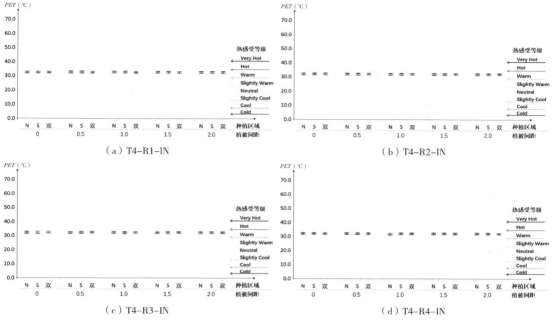

图5-16　T4时段带状绿化种植区域对住宅楼间热舒适性的影响

该时段植被无论选择何种布置方式均不会对热舒适性有明显影响，四类街区的*PET*平均值差别最大均未达到0.1℃。相对较为明显的是，在选择单侧种植时，街区*PET*跨度较双侧种植更大，但是这一变化特征较不明显且不会产生热感受的变化。

综合4个时段楼间带状绿化种植区域对住宅楼间热舒适性的影响主要体现出两类主要特征：

（1）采用双侧种植案例的街区可以获得明显优于单侧种植案例的热舒适性环境，这一特征主要体现在街区有更多区域的热感受趋近于"Neutral"；

（2）两类单侧种植案例的街区*PET*值差别很小，最主要差别体现在两类案例的*IA*值区别中。采用将植被单侧种植于住宅楼南侧的案例可以较将绿化设置于住宅楼北侧案例有更多区域的*PET*值明显下降，这一特点在T1与T3时段最为明显。

5.1.3　带状绿化对街区热舒适性影响原因分析

带状绿化是居住街区楼间绿化的最基础形式，在我国现有的居住街区中基本均有设置。这类绿化形式应用广泛且与每日出入居住街区的人群有着必不可少的交集。研究如何通过此类绿化形式来高效地改善街区热舒适性是非常有必要的。但是，作为一种设置在住宅楼间的绿化形式，带状绿化势必会受到街区平面布局、建筑平面布局、建筑高度等方面的限制，这种制约在之前两节的街区热舒适性分布特点中都有很强的体现，尤其是在针对带状绿化的种植区域时，与住宅楼的相互关系则显得尤为紧密。

（1）从带状绿化的种植模式研究可以看出，植被间距的增加只会略微升高研究区域的*PET*。这一变化特征较前人研究中针对"绿化率对热舒适性的影响"要更加明显。产生这种变化的原因是居住街区中密集的住宅楼布置。我国现阶段最普遍的居住街区住宅楼布局规划中，日照标准仍然占据了非常重要的地位。这一特点导致住宅楼间并没有良好的日照环境。尤其是正午前后来自正南方的阳光直射则更少，因此采用种植间距较大的模式时，并不会产生明显的对热舒适性不利的情况。

（2）因为灌木与地被植物产生的阴影区无法覆盖到行人层，所以在对热舒适性的改善中，这两种绿化形式对热舒适性没有明显的改善。超过了行人层高度的3类乔木案例则均对行人层的热舒适性有明显的改善作用，更高的植被可以通过其高度获得更大面积的树荫范围。这是因为植被可以通过提升高度来弥补种植间距的增加（图5-17）。

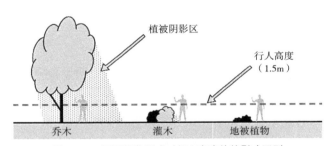

图5-17　不同绿化形式对行人高度处的影响区别

（3）上述植被对住宅楼间的热环境影响也会间接地对街区围合道路产生一定的影响，这是因为住宅楼间良好的热环境相当于在两列平行的道路间形成了一个相对热舒适性更好的区域，可以更好地保持通过行道树所营造的围合道路的热环境。这种变化特征与在城市尺度中认为"需要打通城市冷空气生成区"的结论相符合[32]。

（4）带状绿化的种植区域选择中，也体现着住宅楼对街区热舒适性的影响能力。因为住宅楼尤其是高层住宅楼形成的大面积、全天候的阴影范围，在紧邻住宅楼北侧的区域基本不存在阳光直射。这种特征使得将带状绿化设置在住宅楼北侧就不如将其设置在住宅楼南侧那样可以获得更好的热环境。同时，因为植被对周边热环境的影响不仅仅是创造阴影区，还有通过蒸腾作用产生的热交换等多重因素，从而使得在住宅楼南侧设置单侧带状绿化也无法获得如双侧绿化那般的热舒适性。这一结论与城市尺度中绿化率与热舒适性的相互作用关系相符。

5.2　块状绿地对居住街区热舒适性的影响

为了研究街区块状绿化形式对居住街区热舒适性的改善效果，本节在街区中心场地设置了不同形式的块状绿化，并对比相关案例以获得相应绿化形式下的街区热舒适性特点。

每类街区的块状绿化组合形式都考虑了 5 种植被间距的情况。综合本节中的相关结论，在考虑块状绿化适宜形式时，仅对比了对热舒适性影响较明显的住宅楼间。本节在进行案例对比时，均采用 R_{1-4}-X0-6m 作为标志案例。

本节对各种案例的编号按照居住区类型、绿化组成、植被间距的顺序标注。其中，T、S、G 分别代表了乔木、灌木以及地被植物。因为本书对块状绿化模型均归纳为"某种绿化与某种绿化相围合所成"，故而采用围合绿化代号连接被围合绿化代号作为某一块状绿化的编号。例如：活动绿地中的"乔木围合地被植物"的绿化组成形式则简写为 TG。"第三类居住街区中以 0.5 个树冠大小为间距布置有乔木围合地被植物的活动绿地"案例则被编号为 R3-TG-0.5。

此外，本章在对块状绿地种植区域进行编号时，分别采用 U、L、N、S 来代指街区上风向处、下风向处、街区北部与街区南部。

5.2.1　活动绿地对居住街区热舒适性的影响

1. 活动绿地的种植模式对居住街区热舒适性的影响

1）T1 时段（7：00—9：00）住宅楼间热舒适性分布特点

T1 时段，在居住街区中心处设置块状绿地对住宅楼间的热舒适性影响如图 5-18 所示。

就整体变化而言，3 种活动绿地形式无论采用何种植被间距，对四类街区的整体热舒适性均没有明显的影响。各类街区的箱形图主要参数所处的热感受区间也基本相同。PET 最大值均处在远高于（大于等于 6℃）Very Hot 临界值的范围内，最小值均处于 Slightly Warm 下限（23℃）的区域。PET 主要分布区间在 R1、R2、R4 街区中，包含了 Very Hot（第三四分位值）到 Slightly Warm（第一四分位值）的热感受范围；R3 街区的 PET 主要分布区间则包含了 Very Hot 至 Warm 范围。其中，四类街区的 PET 中位数均位于 Hot 范围内，而 PET 平均值则徘徊在 35℃上下，即 Hot 与 Warm 范围内。

这一变化特征与本书 4.1 节、5.1 节中对应类型街区所体现出的热舒适性分布特征基本一致。也就是说，虽然在街区中心处设置了相对集中的绿化区域，但是以活动为目的的绿化形式并不能有效改善街区整体的热舒适性。

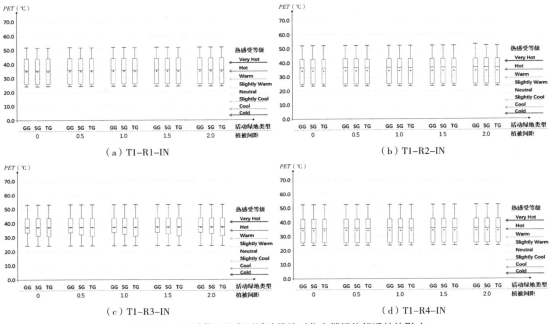

图5-18 T1时段不同类型活动绿地对住宅楼间热舒适性的影响

需要说明的是，虽然块状活动绿地无法对街区 *PET* 值产生明显的影响，但其仍然会对周边热舒适性产生影响。为了更好地描述该类绿地对周边热舒适性的影响能力，*IA* 值的变化特征则要比 *PET* 值更加敏感与准确。

T1 时段，不同活动绿地形式对住宅楼间 *IA* 值的影响特点见表5-10所列。

T1时段不同类型活动绿地对住宅楼间*IA*值的影响　　　　表5-10

绿化模式	种植间距	影响范围	街区类型			
			R1	R2	R3	R4
GG	0	IA_1	1.9%	2.7%	4.0%	2.2%
		IA_6	0	0	0	0
	2	IA_1	1.4%	1.9%	3.4%	1.7%
		IA_6	0	0	0	0
SG	0	IA_1	1.9%	2.6%	4.0%	2.3%
		IA_6	0.3%	0.5%	0.6%	0.4%
	2	IA_1	1.4%	1.9%	3.4%	1.7%
		IA_6	0.3%	0.4%	0.6%	0.3%
TG	0	IA_1	2.0%	2.9%	4.3%	2.6%
		IA_6	0.7%	1.1%	1.5%	0.9%

续表

绿化模式	种植间距	影响范围	街区类型			
			R1	R2	R3	R4
TG	2	IA_1	1.5%	2.0%	3.7%	1.9%
		IA_6	0.7%	1.0%	1.5%	0.5%
标志案例			（R1~R4）–X0–6m			
对比案例			（R1~R4）–GG/SG/TG–0/2			

以相同种植间距情况案例为例，对比不同类型的活动绿地形式可以发现，GG 与 SG 案中的 IA_1 值基本一致，二者主要区别在 SG 案例中存在 IA_6 值。当选择 TG 案例时，IA_1 值相较 SG 案例有所增加，IA_6 值会有明显的上升。其中，GG 案例中四类街区的 IA_s 均为 0，SG 案例则为 15.8%、19.2%、15.0%、17.4%。TG 案例的 IA_s 值更是增加到 35.0%、37.9%、34.9%、34.6%。

这种变化特征说明，当围合绿地的植被种类从地被植物变为灌木时，并不能有效地增加活动绿地对周边热舒适性的改善范围，主要区别在于灌木可以更加明显地改善其所处位置及紧邻区域的热舒适性环境。当选择乔木作为活动绿地的围合植被时，对周边热舒适性的影响范围会略有增加，但与其他两类形式绿地区别最明显的是乔木对其下方和紧邻区域热舒适性的改善。

此外，对比不同植被间距可以发现，随着植被间距的增大，三类绿化模式的 IA 值均有所下降，且下降幅度基本相同。SG 案例与 TG 案例中 IA_6 值的下降幅度也基本相同。

这一变化特征说明，活动绿地的占地面积并不能直接影响周边区域的热舒适性，围合植被的种植间距会对活动绿地对周边区域的 IA 值产生更大的影响。IA_6 的变化特征则印证了上文所描述的"对热舒适性有明显改善的区域是围合植被及其紧邻区域"这一特点。

2）T2 时段（15：00—18：00）住宅楼间热舒适性分布特点

T2 时段，在居住街区中心处设置块状绿地对住宅楼间的热舒适性影响如图 5-19 所示。

与 T1 时段类似，各类街区的热舒适性特征并没有随块状绿化模式变化或植被间距变化而有明显的变化，其箱形图各指标所处热感受范围也没有改变。

T2 时段，不同活动绿地类型对住宅楼间的 IA 值的影响特点见表 5-11 所列。

就 IA 值的变化趋势而言，T2 时段与 T1 时段类似。即相同植被间距情况下，SG 与 GG 案例的 IA_1 值差别不大，区别主要体现在只有 SG 案例中存在 IA_6 值的变化。当采用 TG 绿化形式后，IA_1 与 IA_6 都会有明显的增加。这一变化特征在 IA_s 变化中尤为明显。四类街区中，GG 案例的 IA_s 均为 0，SG 案例则分别为 9.7%、12.9%、9.8%、18.2%，TG 案例则是

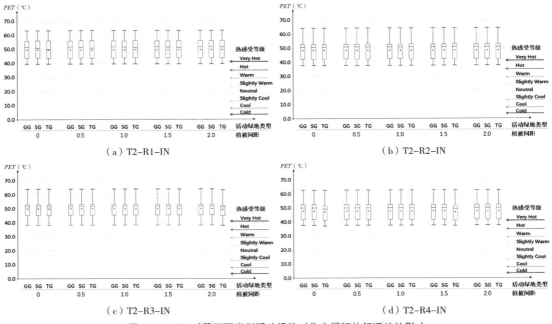

图 5-19 T2 时段不同类型活动绿地对住宅楼间热舒适性的影响

14.6%、35.1%、30.2%、32.3%。此外，TG 案例中的 IA_1 与 IA_6 值相较 SG 案例的增加程度要高于 T1 时段。

同时，当植被种植间距从 0 增加到 2 时，各类块状绿化模式的 IA_1 与 IA_6 均会有所下降。该趋势与 T1 时段类似。

T2时段不同类型活动绿地对住宅楼间IA值的影响　　　　　　　　　　表5-11

绿化模式	种植间距	影响范围	街区类型			
			R1	R2	R3	R4
GG	0	IA_1	3.0%	3.0%	4.0%	2.2%
		IA_6	0	0	0	0
	2	IA_1	2.7%	2.9%	3.3%	1.3%
		IA_6	0	0	0	0
SG	0	IA_1	3.1%	3.1%	4.1%	2.2%
		IA_6	0.3%	0.4%	0.4%	0.4%
	2	IA_1	2.7%	2.9%	3.3%	1.6%
		IA_6	0.3%	0.2%	0.4%	0.3%
TG	0	IA_1	4.1%	3.7%	4.3%	3.1%
		IA_6	0.6%	1.3%	1.3%	1.0%

绿化模式	种植间距	影响范围	街区类型			
			R1	R2	R3	R4
TG	2	IA_1	4.0%	3.2%	4.0%	1.6%
		IA_6	0.6%	0.5%	0.9%	0.6%
标志案例			（R1~R4）–X0–6m			
对比案例			（R1~R4）–GG/SG/TG–0/2			

3）T3 时段（16：00—19：00）住宅楼间热舒适性分布特点

T3 时段，活动绿地对住宅楼间的热舒适性影响如图 5-20 所示。

该时段各类型街区的 *PET* 分布特征均极为相似，且不同块状绿化及种植间距没有呈现出对街区热舒适性产生影响的趋势。各类街区的 *PET* 最大值均位于远超过 Very Hot 界限的热感受范围，*PET* 最小值则徘徊在 Warm 与 Hot 之间。其中，R1、R3 街区的 *PET* 最低值为 Hot，R2、R4 街区的 *PET* 最低值位于 Warm 范围。虽然热感受有所变化，但是其 *PET* 值差别均未超过 1℃。

此外，街区的 *PET* 主要分布区间均跨越了 Warm 到 Very Hot。在该时段内，*PET* 主要分布区间非常靠近 *PET* 最低值。这一特点与 T3 时段属于一天中的降温时段有关。

T3 时段，不同活动绿地类型对住宅楼间的热舒适性影响范围的变化特点见表 5-12 所列。

该时段，无论是种植间距的改变抑或绿化形式的改变，其对应的 *IA* 变化趋势均与 T1、

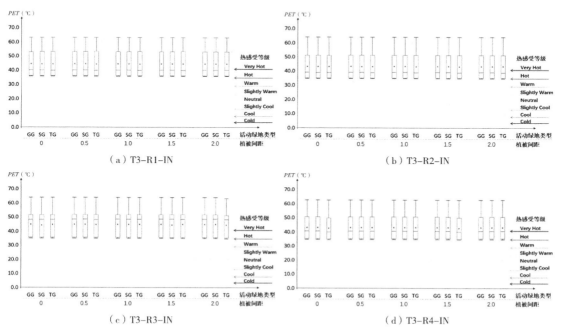

（a）T3–R1–IN

（b）T3–R2–IN

（c）T3–R3–IN

（d）T3–R4–IN

图 5-20　T3 时段不同类型活动绿地对住宅楼间热舒适性的影响

T2 时段类似，即 GG 与 SG 案例的 IA_1 值基本一致，但是 SG 案例中会出现热舒适性发生质变的区域（存在 IA_6 值）。当选择 TG 案例时，IA_1 与 IA_6 值均较 SG 案例有所增加。以 IA_8 最大变化为例，GG 案例中均为 0，SG 案例则为 13.3%、15.8%、14.3%、23.5%，TG 案例为 25.0%、38.1%、29.3%、13.6%。该变化幅度要明显小于之前的时段。

在该时段内，TG 案例的 IA_6 值虽然随着种植间距的增加而有所上升，但是该变化并没有像 T2 时段那样有明显的改变。其变化趋势更类似于 T1 时段，即随着植被间距的增加，IA_6 值会有所减小，但是减小程度较小。

T3时段不同类型活动绿地对住宅楼间 IA 值的影响　　　　　　　　　　表5-12

绿化模式	种植间距	影响范围	街区类型			
			R1	R2	R3	R4
GG	0	IA_1	1.3%	1.8%	2.9%	1.6%
		IA_6	0	0	0	0
	2	IA_1	1.3%	1.8%	2.9%	1.1%
		IA_6	0	0	0	0
SG	0	IA_1	1.5%	1.9%	3.5%	1.7%
		IA_6	0.2%	0.3%	0.5%	0.4%
	2	IA_1	1.5%	1.9%	3.0%	1.1%
		IA_6	0.2%	0.3%	0.5%	0.3%
TG	0	IA_1	2.0%	2.1%	4.1%	6.6%
		IA_6	0.5%	0.8%	1.2%	0.9%
	2	IA_1	1.6%	2.1%	3.5%	3.7%
		IA_6	0.5%	0.7%	0.9%	0.6%
标志案例			（R1~R4）-X0-6m			
对比案例			（R1~R4）-GG/SG/TG-0/2			

4）T4 时段（19：00—21：00）住宅楼间热舒适性分布特点

T4 时段，在居住街区设置活动绿地对住宅楼间的热舒适性的影响如图 5-21 所示。T4 时段内各类绿化形式均不会对街区热舒适性产生明显的影响。全街区的热感受均处在 Warm 范围。同时，T4 时段各类绿化形式也没有产生 IA 值的变化。

综合上述 4 个时段的街区热舒适性变化特征可以发现，四类居住街区主要呈现出如下相似特点：

（1）三类活动绿地的种植模式变化对街区热舒适性的影响作用较小，但是对 IA 值的影响较为明显；

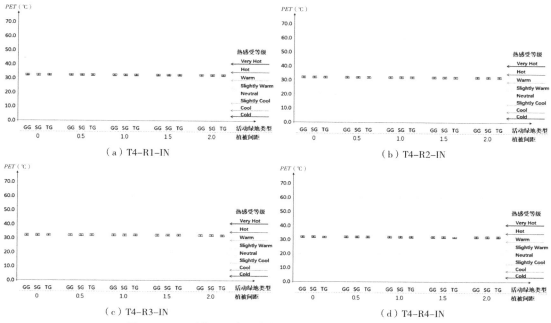

图5-21　T4时段不同类型活动绿地对住宅楼间热舒适性的影响

（2）就植被种类而言，SG与GG案例对街区IA值的影响较小，采用TG案例的街区可以获得最大的IA_1与IA_6值。其中，SG案例中的IA_1值略大于GG案例，二者主要区别呈现在IA_6值中。GG案例中街区热舒适性发生质的变化（IA_6为0），但SG案例中街区局部热舒适性发生质的变化；

（3）随着植被间距的增加，SG案例中的IA值有微弱的降低，但是TG案例却有较为明显的下降，这一变化特征在围合式街区（R3、R4）中尤为明显。

2. 活动绿地种植模式对住宅楼间热舒适性影响原因分析

活动绿地作为居住街区中承载户外活动、健身、游玩功能的区域，相应功能使得其主要范围均需采用硬质铺地或地被植物等适宜人群活动的材料。然而，硬质铺地与地被植物均属于"无法有效改善热舒适性"的材料。因此，活动绿地的功能使得该类型绿地虽然拥有绿化但无法进行大规模的自由绿化形式选择，这也导致活动绿地无法明显地改善街区热舒适性。

不同于地被植物只能通过降低表面温度来改善区域热舒适性，对绿地范围起到空间限定作用的围合绿化则有更多的选择余地。例如当采用灌木或乔木对活动绿地空间进行限定时，这两类植被则可以相对较为有效地改善周边区域的热舒适性。其中，灌木可以比地被植物提供更大的阴影范围。同时，灌木拥有更多的叶片与更大的叶面积指数。这些要素使得灌木比地被植物产生的IA值更大。在这两种原因的共同作用下，灌木可以在其存在区域对热舒适性产生质的改善，即出现IA_6值。

前文中所说的"植被间距对街区热舒适性的影响较小"是指活动绿地对整个居住街区的 *PET* 值影响较小。这一特点产生的原因主要是因为案例中活动绿地的面积仅占整个街区较小的一部分，而且活动绿地中更多的区域还是由硬质铺地或地被植物组成。这些原因的共同作用使得活动绿地的植被间距变化没能通过对热舒适性有明显改善作用的绿化类型（灌木、乔木）来作用于整个街区。然而，对全街区 *PET* 值影响较小并不代表其没有改善热舒适性的作用，活动绿地的植被间距增大仍然会导致 *IA* 值的下降。

3. 活动绿地的种植区域对居住街区热舒适性的影响

根据上节所述可以发现，三类活动绿地形式对于街区的整体热舒适性影响较小。区别主要体现在其主要影响范围（*IA*）中。因此，本书在对比种植区域对热舒适性的影响时，则通过对比不同种植区域的 *IA* 值变化进行研究。此外，因为活动绿地对于热舒适性影响较小，故而首先考虑的是影响范围的大小（IA_1 值的变化），其次是影响程度（IA_8 值的变化）的强弱。

本节中标志案例与对比案例间同时存在有利影响（热舒适性改善，*IA* 值为正）与不利影响（热舒适性恶化，*IA* 值为负），因此将二者 *IA* 值的差值（ΔIA）作为是否对街区热舒适性有更有利（ΔIA 为正）或不利（ΔIA 为负）的影响。

1）T1 时段（7：00—9：00）住宅楼间 *PET* 主要影响区域的变化特点

T1 时段，不同形式活动绿地的种植区域对住宅楼间 *IA* 值的影响见表 5-13 所列。

T1 时段的绿化区域呈现出两个最主要的特点：①R1 街区中，活动绿地种植区域对 *IA* 值影响较小。尤其是 GG 与 SG 案例中，无论选择何种布置区域，*IA* 值均没有变化。当采用 TG 案例时，不同的布局虽然会对 *IA* 产生影响，但这一影响极其微弱。②在 R3 与 R4 街区（围合式布局街区）中，无论采用何种种植区域的案例都不如将活动绿地置于街区中心处对街区热舒适性产生明显影响的范围更大。

此外，可以发现在 T1 时段，如果将活动绿地布置于街区下风向处（R2-SG、R2-TG）或街区北部（R1-TG）可以在一些案例中获得较标志案例更大的 *IA* 值。此外，若将活动绿地布置于街区上风向处时，在所有案例中均无法获得较标志案例更大的 *IA* 值。IA_6 在 T1 时段出现变化的案例很少，且变化幅度很小，最大仅为 0.2 个百分点。

T1时段活动绿地种植区域对住宅楼间*IA*值的影响　　　　表5-13

绿化模式	种植区域	影响范围	R1	R2	R3	R4
GG	U	ΔIA_1	0	−0.3%	−0.2%	−0.3%
		ΔIA_6	0	0	0	−0.1%
	L	ΔIA_1	0	0	−0.2%	−0.7%
		ΔIA_6	0	0	0	0

续表

绿化模式	种植区域	影响范围	街区类型			
			R1	R2	R3	R4
GG	N	ΔIA_1	0	0	−0.2%	0
		ΔIA_6	0	0	0	0
	S	ΔIA_1	0	0	−0.2%	0
		ΔIA_6	0	0	0	0
SG	U	ΔIA_1	0	−0.3%	−0.2%	−0.4%
		ΔIA_6	0	−0.1%	0	0
	L	ΔIA_1	0	0.6%	−0.2%	−0.6%
		ΔIA_6	0	0.1%	0	−0.1%
	N	ΔIA_1	0	0	−0.2%	−0.1%
		ΔIA_6	0	0	0	0
	S	ΔIA_1	0	0	−0.2%	−0.1%
		ΔIA_6	0	0	0	0
TG	U	ΔIA_1	−0.1%	−0.5%	−0.3%	−0.7%
		ΔIA_6	0	−0.2%	−0.1%	0
	L	ΔIA_1	0	0.8%	−0.2%	−0.6%
		ΔIA_6	0	0.2%	−0.1%	−0.1%
	N	ΔIA_1	0.1%	0	−0.1%	−0.1%
		ΔIA_6	0	0	−0.1%	0
	S	ΔIA_1	−0.1%	0	−0.1%	−0.2%
		ΔIA_6	0%	0	−0.1%	0
标志案例			（R1~R4）–GG/SG/TG–0			
对比案例			（R1~R4）–GG/SG/TG–U/L/N/S			

2）T2 时段（15：00—18：00）住宅楼间 *PET* 主要影响区域的变化特点

T2 时段，不同活动绿地类型对住宅楼间的热舒适性影响范围的特点见表5-14所列。

T2时段活动绿地种植区域对住宅楼间*IA*值的影响 表5-14

绿化模式	种植区域	影响范围	街区类型			
			R1	R2	R3	R4
GG	U	ΔIA_1	−0.1%	−0.4%	−0.1%	−0.6%
		ΔIA_6	0	0	0	0
	L	ΔIA_1	0.1%	0.1%	−0.2%	−0.6%
		ΔIA_6	0	0	0	−0.1%

绿化模式	种植区域	影响范围	街区类型			
			R1	R2	R3	R4
GG	N	ΔIA_1	−0.1%	0	−0.2%	−0.2%
		ΔIA_6	0	0	0	0
	S	ΔIA_1	0	0	−0.2%	−0.3%
		ΔIA_6	0	0	0	0
SG	U	ΔIA_1	−0.1%	−0.3%	−0.2%	−0.6%
		ΔIA_6	0	0	0	−0.1%
	L	ΔIA_1	0	0.3%	0	−0.4%
		ΔIA_6	0	0.1%	0	0
	N	ΔIA_1	−0.1%	−0.1%	−0.2%	−0.4%
		ΔIA_6	0	0	0	−0.1%
	S	ΔIA_1	−0.1%	−0.1%	−0.3%	−0.4%
		ΔIA_6	0	0	−0.1%	−0.1%
TG	U	ΔIA_1	−0.1%	−0.4%	−0.2%	−0.2%
		ΔIA_6	−0.1%	−0.1%	0	−0.2%
	L	ΔIA_1	0.1%	0.3%	0.1%	−0.4%
		ΔIA_6	0	0.1%	0	−0.1%
	N	ΔIA_1	−0.1%	0.2%	0.1%	−0.1%
		ΔIA_6	0	0	0	−0.1%
	S	ΔIA_1	0	−0.2%	−0.5%	−0.5%
		ΔIA_6	0	0	−0.1%	−0.1%
标志案例			（R1~R4）-GG/SG/TG-0			
对比案例			（R1~R4）-GG/SG/TG-U/L/N/S			

在该时段内，四类街区呈现出了 2 种不同的 IA 值变化特征。

行列式街区（R1、R2）中，若在街区下风向处设置活动绿地，整个街区的热舒适性的有利影响范围基本上都会有所增加。在 R1-SG 案例中，虽然 IA 值没有增加，但也会和将活动绿地布置在街区中心处获得相同的 IA 值。此外，在行列式街区中，若将活动绿地设置在上风向处则会获得完全相反的效果，即所有案例均会产生对热舒适性的不利影响，将活动绿地设置在街区南部或北部则没有明显的区别。相比较而言，将活动绿地设置在街区北部可以获得相对更大的 IA 范围。在 R2-TG 案例中，甚至可以获得较布置于中心处案例更大的 IA 值。

围合式街区（R3、R4）最明显的特征是，将活动绿地设置在街区中心处会获得最大的 IA 值。仅在 R3-TG 案例中，布置在下风向和街区北部才能获得大于将其布置在街区中心处的 IA 值。

3）T3 时段（16：00—19：00）住宅楼间 PET 主要影响区域的变化特点

T3 时段，不同类型活动绿地对住宅楼间 IA 值的影响特征见表 5-15 所列。

T3 时段呈现出的 ΔIA 的变化特点在 T1、T2 时段内均有所体现。总体而言包括两类特点：行列式街区与围合式街区不同的 ΔIA 值变化特点；R1 街区绿地布局区域的变化对 IA 值影响较小。

R1 街区在采用 GG 与 SG 类型的活动绿地时，种植区域对 IA 值没有影响，当选择 TG 类型绿地时，将其布置于街区下风向可以获得相对更大的 IA 值。但是这一变化差别极小。

此外，在行列式街区（R1、R2）中选择将活动绿地布置在街区下风向处则均可获得相对更大的 IA 值，也就是说街区中会有更大范围获得更好的热舒适性环境。在围合式街区中，将活动绿地布置于街区中心处可以获得更大的 IA 值，仅在少量案例中（R3-GG、R3-TG），将绿地布置在下风向处可以获得更大的 IA 值。

在 T3 时段内，IA 值的变化仍然主要存在于 IA_1 中，IA_6 的最大变化幅度仍然仅为 0.2 个百分点。

T3时段活动绿地种植区域对住宅楼间IA值的影响　　　　　　　表5-15

绿化模式	种植区域	影响范围	街区类型			
			R1	R2	R3	R4
GG	U	ΔIA_1	0	−0.4%	−0.2%	−0.6%
		ΔIA_6	0	0	0	0
	L	ΔIA_1	0	0.4%	0.1%	−0.5%
		ΔIA_6	0	0	0	−0.1%
	N	ΔIA_1	0	0	−0.2%	−0.1%
		ΔIA_6	0	0	0	0
	S	ΔIA_1	0	0	−0.2%	−0.1%
		ΔIA_6	0	0	0	0
SG	U	ΔIA_1	0	−0.3%	−0.6%	−0.6%
		ΔIA_6	0	0	−0.2%	−0.2%
	L	ΔIA_1	0	0.4%	−0.3%	−0.6%
		ΔIA_6	0	0.1%	−0.2%	−0.1%
	N	ΔIA_1	0	−0.1%	−0.5%	−0.2%
		ΔIA_6	0	0	−0.2%	0
	S	ΔIA_1	0	−0.1%	−0.6%	−0.4%
		ΔIA_6	0	0	−0.2%	−0.1%

绿化模式	种植区域	影响范围	街区类型			
			R1	R2	R3	R4
TG	U	ΔIA_1	0	−0.1%	−0.4%	−0.6%
		ΔIA_6	0	−0.2%	−0.2%	−0.3%
	L	ΔIA_1	0.1%	0.2%	0.3%	−0.1%
		ΔIA_6	0	0.1%	0.1%	0
	N	ΔIA_1	0	0	−0.1%	−0.4%
		ΔIA_6	0	0	−0.1%	−0.1%
	S	ΔIA_1	0	−0.1%	−0.4%	0
		ΔIA_6	0	0	−0.1%	0
标志案例			（R1~R4）–GG/SG/TG–0			
对比案例			（R1~R4）–GG/SG/TG–U/L/N/S			

4）T4 时段（19：00—21：00）住宅楼间 PET 主要影响区域的变化特点

T4 时段住宅楼间的 IA 值并没有随块状绿化的出现而改变，此处不再赘述。

综合上述 4 个时段的街区热舒适性变化可以发现：除 T4 时段外，其他 3 个时段内随街区建筑分布特征呈现出了两类变化特征：

（1）多层居住街区（R1）活动绿地的种植区域对街区 IA 值的影响较小。将绿地设置在街区中心处与下风向处可以获得相对较大的 ΔIA；

（2）在高层居住街区中出现了两类变化趋势：一是行列式街区（R2）将活动绿地设置在下风向处以获得最大的热舒适性改善范围；二是围合式街区（R3、R4）将活动绿地设置在街区中心处以获得最大的热舒适性改善范围。

上述变化特点在各时段没有明显的区别，而主要的差别则出现在具体数值中。

4. 活动绿地种植区域对住宅楼间热舒适性影响原因分析

活动绿地布置区域变化对 IA 的影响特征主要呈现在 3 个方面：①行列式街区与围合式街区间明显的区别；②上、下风向区域布置案例间存在明显差别，街区南北部案例间的区别较不明显；③不同种植区域案例 IA 的区别主要体现在 IA_1 中。IA_6 的变化幅度非常小。

就第一个特点而言，围合式布局街区的最核心点是"如何最高效地利用一个地块的采光条件"。在这种布局形式的小区中，普遍存在建筑疏密布局的差别。以满足日照要求而产生的街区势必在通风条件中无法与行列式街区相媲美。行列式街区中建筑有序的排列会形成良好的通风廊道，在与狭管效应的共同作用下，行列式居住街区的通风环境会明显好于围合式街区。

当通风条件不佳时，由块状绿化（活动绿地）所形成的局部低温环境并不能高效地与周边环境通过对流的方式产生热交换。所以，当绿地位于街区中心时，将会获得与街区空间更多的接触，从而对周边热环境产生有利的影响。

当通风条件相对较好时（行列式街区）则会产生第二个 IA 值变化特点，即下风向处获得最大的 IA 值，而上风向处则较小。这一变化特点则与本书 5.2.1 节中第 1 条内容有所关联，即活动绿地对热舒适性的改善能力有限。活动绿地虽然可以在街区中提供一个相对更舒适的热环境，但是这一改善作用并不强烈。活动绿地为下风向处提供的"冷风"无法对下风向处产生明显的热舒适性变化。然而，当活动绿地位于下风向处时，由建筑阴影形成的温度相对较低区域产生的"冷风"到达活动绿地所在位置时，会与绿地自身的降温作用共同作用，从而会产生更大的 IA 值。这也可以解释为何将活动绿地布置在街区北部会较将其布置在南部有相对更大的 IA 值。

此外，第三个特点的产生原因仍然与本书 5.2.1 节中第 1 条内容有很强的关系。正是因为活动绿地对热舒适性的改变主要产生于对其进行限定的围合绿化的所在区域，故而当活动绿地所在区域有所变化时，IA_6 无法产生明显的变化。其影响范围仍然仅存在于活动绿地中用作围合的乔、灌木的周边区域。

5.2.2 景观绿地及小游园对居住街区热舒适性的影响

景观绿地与小游园在居住街区中承担了不同的使用功能，功能的不同会直接影响二者的设计与使用方式。然而，单就绿化形式而言，二者却又存在很强的相似性。区别于活动绿地中占比最大的区域是地被植物与硬质铺地，景观绿地与小游园中则都是以乔、灌木为主。故而本节中将两类绿地同时进行对比研究。

1. 景观绿地及小游园的种植模式对居住街区热舒适性的影响

1）T1 时段（7：00—9：00）住宅楼间热舒适性分布特点

T1 时段，在居住街区中心处设置景观绿地或小游园对住宅楼间热舒适性的影响如图 5-22 所示。

就箱形图各指标变化而言，四类居住街区呈现出非常相似的特点。其中，PET 最大值、第三四分位值与最小值并没有随绿化形式或植被间距的改变而有明显变化。主要变化出现在 PET 中位数、PET 平均值与第一四分位值中。上述三类指标变化幅度呈现出随植被间距的增加而略有上升的特点。需要说明的是，除 R1-TS 与 R1-TT 案例外，其余类型街区的这三类指标变化幅度均不超过 0.5℃。当种植间距由 0 增加到 0.5 时，R1-TT 案例的 PET 中位数变化幅度最大，达到 1.6℃，R1-TS 案例变化幅度则达到 1.9℃。随着种植间距的进一步增加，这

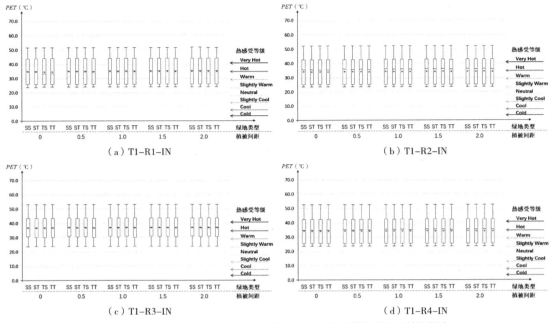

图 5-22　T1 时段不同类型景观绿地及小游园对住宅楼间热舒适性的影响

两种案例的 PET 中位数变化也趋于平缓。当种植间距由 0.5 增加到 2 时，R1-TT 案例的 PET 中位数变化幅度达到 0.3℃，R1-TS 案例变化幅度则为 0.2℃。该变化幅度与其他案例基本保持一致。

就四类绿化形式对比，在除 R1 街区外的其他三类街区中，TT（小游园）对街区热舒适性的改善作用最明显，其次则是 ST（景观绿地）类。采用这两类绿化形式时，街区的 PET 平均值会略低于选择 SS 与 TS 类绿化形式的案例，在四类街区中 PET 平均值的最大变化幅度仅为 0.2℃、0.2℃、0.3℃、0.1℃。

在 R1 街区中，该变化呈现出两种特点：当种植间距为 0 时，可以明显看出四类绿化形式对街区改善作用由强到弱为 TT、TS、ST、SS；当存在种植间距时，TS 与 ST 案例中的 PET 平均值与中位数则基本相同，差别均不超过 0.2℃。

T1 时段，在居住街区中心处设置景观绿地或小游园对住宅楼间热舒适性 IA 的影响见表 5-16 所列。

就 IA 值的变化趋势而言，该时段存在 2 个较为突出的特点：

（1）无论采用何种绿化形式，在采用连续种植时（植被间距为 0）都会比存在间距的案例有更大的改善区域。当植被间距为 0 时，IA_6 基本与 IA_1 保持一致（差别不超过 0.1%），即大部分存在热舒适性改善的区域均有质的改善效果。然而，当植被间距达到 2 时，IA_8 会达到 33.3%（R4-SS）~92.9%（R3-TT）。也就是说，植被间距的增加不仅会减少热舒适性改善的范围，更会降低其改善效果；

（2）各种绿化形式产生的 IA 从大到小依次为 TT、TS/ST、SS，即 TT 形式的绿化对周边热舒适性有明显改善效果的范围最大，其次是 TS 与 ST 形式，两类绿化对应的 IA 数值间的差别较小。对街区热舒适性产生明显改善效果范围最小的是 SS 案例。在四类街区中，TT 绿化形式较 SS 绿化形式的热舒适性改善范围可以分别多产生15.0%、11.5%、7.5%、14.3%。对比景观绿地中 IA_1 值最大的 TS 案例，TT 案例热舒适性改善范围也会多产生4.5%、0、0、4.3%。

在 TS 与 ST 案例间存在 2 种不同的变化特点。当种植间距为 0 时，TS 案例对应的 IA 值要大于 ST 案例。然而，当种植间距为 2 时，TS 案例对应的 IA 值则会小于 ST 案例。也就是说，当植被密集种植时，采用乔木围合灌木形式的景观绿地要比采用灌木围合乔木形式的景观绿地更能对周边环境的热舒适性产生有利的影响。然而，当采用较为稀疏的植被间距时，二者则会呈现出相反的关系。该特征只存在于 R3、R4 街区，即围合式街区中。

T1时段不同类型景观绿地及小游园对住宅楼间 IA 值的影响　　　　　表5-16

绿化模式	绿化间距	影响范围	街区类型			
			R1	R2	R3	R4
SS	0	IA_1	2.0%	2.6%	4.0%	2.1%
		IA_6	1.9%	2.6%	3.9%	2.1%
	2	IA_1	1.2%	1.9%	3.4%	1.2%
		IA_6	0.8%	1.3%	2.8%	0.4%
ST	0	IA_1	2.2%	2.7%	4.1%	2.2%
		IA_6	2.1%	2.7%	4.0%	2.2%
	2	IA_1	1.3%	2.5%	4.0%	1.5%
		IA_6	0.9%	1.4%	3.3%	0.8%
TS	0	IA_1	2.2%	2.9%	4.3%	2.3%
		IA_6	2.2%	2.9%	4.3%	2.3%
	2	IA_1	1.3%	2.0%	3.7%	1.4%
		IA_6	0.9%	1.4%	3.1%	0.5%
TT	0	IA_1	2.3%	2.9%	4.3%	2.4%
		IA_6	2.2%	2.9%	4.3%	2.3%
	2	IA_1	1.3%	2.6%	4.2%	1.7%
		IA_6	0.9%	1.5%	3.9%	0.9%
标志案例			（R1~R4）-X0-6m			
对比案例			（R1~R4）-SS/ST/TS/TT-0/2			

2）T2 时段（15：00—18：00）住宅楼间热舒适性分布特点

T2 时段，在居住街区中心处设置景观绿地或小游园对住宅楼间热舒适性的影响如图 5-23 所示。

就变化趋势而言，T2 时段与 T1 时段呈现出了非常强的相似性，即随种植间距增加，热舒适性均会有微弱的恶化。四类绿化形式对热舒适性改善效果由强至弱为：TT、TS/ST、SS。在 R2、R3、R4 中，TS 绿化形式与 ST 绿化形式的改善效果基本相同。但在 R1 街区中，TS 绿化形式较 ST 形式会对街区热舒适性产生更明显的改善效果。

T2 时段与 T1 时段最主要的区别出现在热感受的变化中。在 T2 时段内，除街区 PET 最低值外均位于 Very Hot 及远超 Very Hot 临界值的范围。而在 T1 时段内，只有 PET 最大值与第三四分位值处于 Very Hot 范围内。R2、R4 及部分 R1 街区的案例 PET 平均值更是会下降至 Warm 范围。

T2 时段，在居住街区中心处设置景观绿地或小游园对住宅楼间热舒适性的主要影响范围的变化特点见表 5-17 所列。

T2 时段仍然会呈现出 T1 时段存在的两个变化特点：① TT 绿化形式较 SS 绿化形式在四类街区中可以分别多产生 18.8%、31.3%、12.5%、26.9% 的热舒适性改善范围；② TT 案例相较 TS 案例会多产生 8.6%、16.7%、0、10.0% 的热舒适性改善范围。

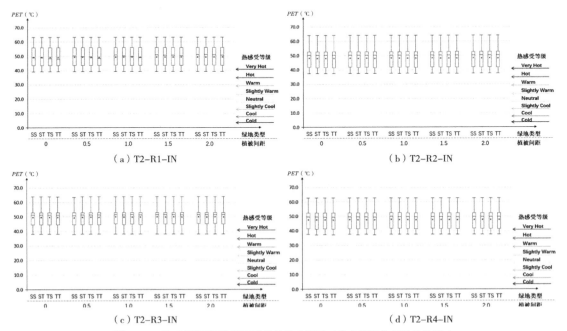

图 5-23　T2 时段不同类型景观绿地及小游园对住宅楼间热舒适性的影响

需要说明的是，两个时段的最大区别出现在当种植间距为 0 时。在 T2 时段内，围合式街区（R3、R4）的 IA_6 不再与 IA_1 基本保持一致，二者出现了较为明显的区别。IA_6 与 IA_1 的最大差别会达到 1.0%（R3-TS）。然而，在行列式街区中，IA_6 依然与 IA_1 保持有不超过 0.1% 的差别。虽然在围合式街区采用连续种植的情况下会出现 IA_6 明显小于 IA_1 的特点，但是二者的差距仍然较种植间距为 2 时要小。也就是说，在 T2 时段，采用连续种植已经无法保证对产生热舒适性影响的区域都有质的改变，但其发生质变区域的占比仍然要高于采用有间距的种植形式。

T2时段不同类型景观绿地及小游园对住宅楼间IA值的影响　　　　　　　表5-17

绿化模式	植被间距	影响范围	街区类型			
			R1	R2	R3	R4
SS	0	IA_1	3.2%	3.2%	4.0%	2.6%
		IA_6	3.1%	3.1%	3.9%	2.2%
	2	IA_1	1.9%	3.1%	3.3%	0.8%
		IA_6	1.1%	0.8%	2.4%	0.7%
ST	0	IA_1	3.6%	3.3%	4.2%	2.9%
		IA_6	3.6%	3.2%	4.0%	2.9%
	2	IA_1	1.9%	2.8%	4.1%	1.2%
		IA_6	1.2%	1.5%	3.4%	1.2%
TS	0	IA_1	3.5%	3.6%	4.5%	3.0%
		IA_6	3.4%	3.6%	3.5%	2.5%
	2	IA_1	1.9%	3.3%	3.6%	0.9%
		IA_6	1.2%	1.1%	2.7%	0.8%
TT	0	IA_1	3.8%	4.2%	4.5%	3.3%
		IA_6	3.4%	4.2%	4.4%	2.5%
	2	IA_1	1.9%	4.0%	4.4%	1.4%
		IA_6	1.2%	1.8%	3.6%	1.3%
标志案例			（R1~R4）-X0-6m			
对比案例			（R1~R4）-SS/ST/TS/TT-0/2			

3）T3 时段（16：00—19：00）住宅楼间热舒适性分布特点

T3 时段，在居住街区中心处设置景观绿地或小游园对住宅楼间热舒适性的影响如图 5-24 所示。

该时段内，植被间距的增加对研究区域热舒适性的影响较 T1、T2 时段更小。当种植间距从 0 增加到 2 时，所有案例的所有指标的变化幅度均未超过 0.3℃。同时，不同绿化形式对整

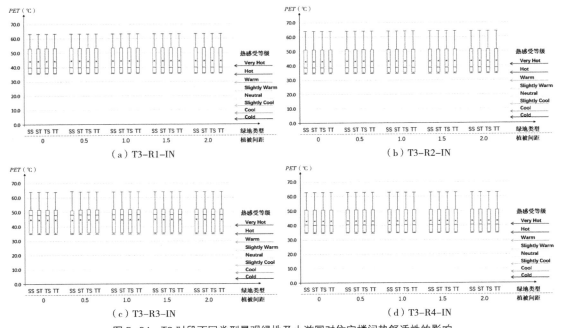

图 5-24 T3 时段不同类型景观绿地及小游园对住宅楼间热舒适性的影响

个居住街区热舒适性的影响差别也是 3 个时段中最小的。R4 街区最明显地体现出 TT、ST 可以比 TS、SS 种植形式更好地改善街区热舒适性，但是这一变化幅度也未超过 0.2℃。

总体而言，T3 时段内，无论采用何种绿化形式与种植间距，对街区的整体热舒适性都没有明显的改善作用。不同绿化形式的改善作用还是应该依靠 IA 值进行对比区分。

T3 时段，在居住街区中心处设置景观绿地或小游园对住宅楼间 IA 值的变化特点见表 5-18 所列。

T3时段不同类型景观绿地及小游园对住宅楼间IA值的影响   表5-18

绿化组成	植被间距	影响范围	街区类型			
			R1	R2	R3	R4
SS	0	IA_1	1.6%	2.0%	3.1%	2.0%
		IA_6	1.4%	2.0%	3.1%	1.8%
	2	IA_1	1.4%	1.0%	3.0%	1.7%
		IA_6	0.8%	0.6%	2.4%	1.2%
ST	0	IA_1	1.7%	2.0%	3.1%	2.4%
		IA_6	1.7%	2.0%	3.0%	1.9%
	2	IA_1	1.4%	1.4%	3.0%	1.8%
		IA_6	0.8%	1.1%	2.7%	1.3%

续表

绿化组成	植被间距	影响范围	街区类型			
			R1	R2	R3	R4
TS	0	IA_1	1.8%	2.2%	3.3%	2.3%
		IA_6	1.7%	2.2%	3.2%	2.0%
	2	IA_1	1.4%	1.1%	3.0%	1.8%
		IA_6	0.8%	0.8%	2.6%	1.2%
TT	0	IA_1	2.0%	2.2%	4.6%	2.5%
		IA_6	2.0%	2.2%	4.4%	2.2%
	2	IA_1	1.4%	1.6%	4.0%	1.8%
		IA_6	0.9%	1.2%	3.3%	1.3%
标志案例			（R1~R4）–X0~6m			
对比案例			（R1~R4）–SS/ST/TS/TT–0/2			

就变化趋势看，该时段仍然保持了与 T1、T2 时段相似的变化趋势。从绿化组合对 IA 的影响可以发现，TT 绿化形式较 SS 绿化形式在四类街区中可以分别多产生 25.0%、10.0%、48.4%、25.0% 的热舒适性改善范围。对比 TS 案例，TT 案例也会较其多产生 10.0%、0、39.4%、8.7% 的热舒适性改善范围。

T3 时段与 T2 时段中 IA 变化特征的最大区别是，当植被间距从 0 增加到 2 时，所有案例 IA 的变化幅度均有所减少，IA_1 最大的差别仅为 1.0%（R3-SS）。此外，在 T3 时段内，当植被间距为 0 时，IA_1 与 IA_6 基本相同，最大差别为 0.5%（T4-ST-0）。其他案例中二者差距均小于 0.3%。

4）T4 时段（19：00—21：00）住宅楼间热舒适性分布特点

T4 时段，在居住街区中心处设置景观绿地或小游园对住宅楼间热舒适性的影响如图 5-25 所示。

T4 时段内各类绿化形式均不会对街区热舒适性产生明显的影响。全街区的热感受均处在 Warm 范围内。同时，T4 时段各类绿化形式也没有使 IA 值发生变化。

综合上述 4 个时段的住宅楼间热舒适性分布特点可以发现，景观绿地及小游园的种植模式对其主要有两类影响：

（1）无论采用何种绿化形式，连续种植时（植被间距为 0），都会比存在间距的案例有更大的改善区域。随着植被间距的增加，热舒适性改善的范围也会随之减少。与此同时，植被间距的增加还会导致 IA_s 值的下降，即降低绿地对周边环境的改善效果；

（2）各种绿化形式产生的 IA 值从大到小依次为：TT、TS/ST、SS。当种植间距为 0 时，

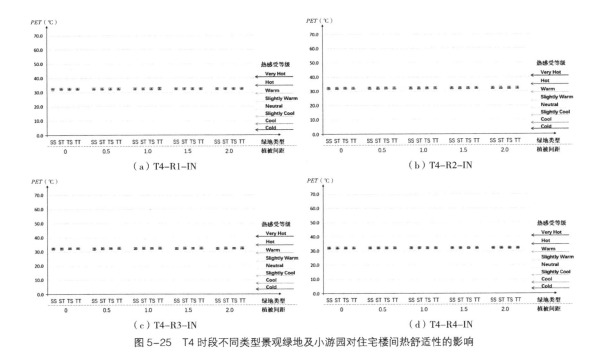

图 5-25 T4 时段不同类型景观绿地及小游园对住宅楼间热舒适性的影响

TS 案例对应的 *IA* 值要大于 ST 案例；当种植间距为 2 时，TS 案例对应的 *IA* 值小于 ST 案例。该变化特征主要体现在围合式街区（R3、R4）中。

2. 景观绿地及小游园种植模式对住宅楼间热舒适性影响原因分析

景观绿地及小游园对居住街区热舒适性产生影响的原因与前文所述有很多类似之处，最核心的两个作用机制即产生更多的阴影区与更加有效的低温区。正如该两类绿地的种植间距对街区热舒适性的影响一样，当植被间距增加后，其所产生的阴影区必将出现不连续的情况，故而植被间距的增加会导致整体热舒适性的恶化。同时，这两类绿地所采用的植被均有较高的高度与更高的叶面积指数，也会对街区热舒适性的改善起到促进的作用。此外，建筑阴影的存在也会使得上述变化特征更加明显。这两类特点可以让绿地形成一个较街区活动绿地更大的低温区。因此，虽然植被间距增加会使得阴影区域缺乏，但是并不会产生严重的热舒适性恶化。

同时，因为 R1 街区楼间距较小，围合用植被占整个块状绿化的比例也会更大。也就是说，在 R1 街区乔木围合灌木的 TS 案例中，乔木的占比会明显高于其他三类街区中的该类绿化形式。因此，在 R1 街区的热舒适性变化中出现了与其他三类街区不同的情况，即 TS 绿化形式对街区热舒适性的改善能力会强于采用 ST 形式的案例。同理，在其他三类街区中，因为灌木围合乔木（ST）案例中存在更多比例的乔木，所以会产生 ST 绿化形式对街区热舒适性的改善能力强于采用 TS 形式的特点。

此外，这一要素不仅作用于对热舒适性的影响，也会作用于不同绿化形式对 IA 值的影响。当植被间距为 0 时，因为 TS 外围采用了更高大的乔木，所以会产生较 ST 案例更大的阴影区。根据前文结论可以知道，在街区中块状绿地对周边热舒适性的影响能力有限。TS–0 案例提供的更大面积的阴影区（100%）所对应的 IA 值会大于 ST–0 案例产生的 IA 值（78.0%）。然而，随着植被间距的增加，外围的乔木无法形成连续有效的阴影区。被围合区域所产生的低温区就会对周边环境产生更显著的影响。因为 ST 案例中部均为乔木，可以较 TS 案例形成更明显的低温区。因此，在间距达到 2 个树冠大小后，ST–2 案例形成的 IA 值反而会大于 TS–2 案例（为 TS–2 案例值的 93.2%）。这一特征仅存在于对 IA 值的影响。就对整个街区的热舒适性的改善效果而言，采用 TS 绿化形式的案例仍要强于采用 ST 形式的案例（图 5–26）。

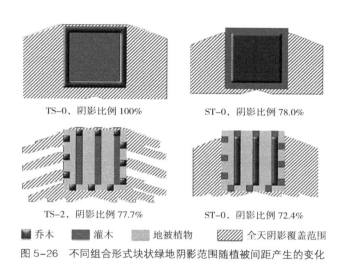

TS–0，阴影比例 100%　　　ST–0，阴影比例 78.0%

TS–2，阴影比例 77.7%　　　ST–0，阴影比例 72.4%

■乔木　■灌木　□地被植物　▨全天阴影覆盖范围

图 5–26　不同组合形式块状绿地阴影范围随植被间距产生的变化

3. 景观绿地及小游园的种植区域对居住街区热舒适性的影响

1）T1 时段（7：00—9：00）住宅楼间 PET 主要影响区域的变化特点

T1 时段，在居住街区中心处设置景观绿地或小游园对研究区域的热舒适性主要影响范围的变化见表 5–19 所列。

T1时段景观绿地及小游园种植区域对住宅楼间IA值的影响　　　　　表5–19

绿化模式	种植区域	影响范围	街区类型			
			R1	R2	R3	R4
SS	U	ΔIA_1	−0.2%	−0.8%	−0.3%	−0.4%
		ΔIA_6	0	−0.3%	−0.2%	−0.3%
	L	ΔIA_1	−0.1%	0.4%	−0.3%	−0.5%
		ΔIA_6	0	0.7%	−0.1%	−0.3%

续表

绿化模式	种植区域	影响范围	街区类型			
			R1	R2	R3	R4
SS	N	ΔIA_1	−0.1%	−0.1%	−0.2%	0
		ΔIA_6	0	0	−0.1%	−0.1%
	S	ΔIA_1	−0.1%	−0.3%	−0.2%	0
		ΔIA_6	0	0	−0.2%	−0.1%
ST	U	ΔIA_1	−0.2%	−1.3%	−0.3%	−0.7%
		ΔIA_6	0	0	−0.3%	−0.4%
	L	ΔIA_1	−0.1%	0.8%	−0.4%	−0.5%
		ΔIA_6	0	0.7%	−0.3%	−0.4%
	N	ΔIA_1	−0.1%	−0.1%	−0.1%	0
		ΔIA_6	0	0	−0.2%	0
	S	ΔIA_1	−0.1%	−0.2%	−0.2%	−0.2%
		ΔIA_6	0	0	−0.2%	0
TS	U	ΔIA_1	−0.7%	−0.9%	−0.3%	−0.8%
		ΔIA_6	0	−0.4%	−0.2%	−0.3%
	L	ΔIA_1	−0.4%	0.6%	−0.3%	−0.6%
		ΔIA_6	0	0.7%	−0.2%	−0.3%
	N	ΔIA_1	−0.4%	−0.2%	−0.2%	0
		ΔIA_6	0	0	−0.2%	0
	S	ΔIA_1	−0.6%	−0.3%	−0.2%	−0.4%
		ΔIA_6	0	0	−0.2%	0
TT	U	ΔIA_1	−0.2%	−0.9%	−0.3%	−0.8%
		ΔIA_6	0	−0.4%	−0.2%	−0.3%
	L	ΔIA_1	0.1%	1.0%	−0.3%	−0.6%
		ΔIA_6	0	0.7%	−0.2%	−0.3%
	N	ΔIA_1	0	0	−0.1%	0
		ΔIA_6	0	0	−0.2%	0
	S	ΔIA_1	0	0	−0.1%	−0.1%
		ΔIA_6	0	0	−0.2%	0
标志案例			（R1~R4）–SS/ST/TS/TT–0			
对比案例			（R1~R4）–SS/ST/TS/TT–U/L/N/S			

从 *IA* 值的变化幅度可以发现，在 T1 时段内，四类街区主要呈现出了两类不同的变化趋势。在 R1、R3、R4 中，无论将绿化设置于街区何处均不会比将其设置在街区中心处获得

更大的热舒适性改善区域；在 R2 街区中，将绿地设置在街区下风向处可以获得最大的热舒适性改善区域。除 R3 街区外，其他三类街区在选择 TT 形式的绿化时，将绿地设置在街区南部与北部也都可以获得与将其设置在街区中部时相同的热舒适性改善区域。由此可知，相对活动绿地而言，景观绿地与小游园的可选种植区域更多。这一特点在设置小游园时尤为突出。

2）T2 时段（15：00—18：00）住宅楼间 PET 主要影响区域的变化特点

T2 时段，在居住街区中心处设置景观绿地或小游园对研究区域 IA 值的影响见表5-20所列。

T2时段景观绿地及小游园种植区域对住宅楼间IA值的影响　　　　表5-20

绿化模式	种植区域	影响范围	街区类型			
			R1	R2	R3	R4
SS	U	ΔIA_1	−0.2%	−0.4%	−0.1%	−0.7%
		ΔIA_6	0	−0.4%	−0.1%	−0.3%
	L	ΔIA_1	0	0.2%	−0.1%	−0.9%
		ΔIA_6	0	0.1%	0	−0.6%
	N	ΔIA_1	0	0.1%	−0.1%	−0.2%
		ΔIA_6	0	0	0	0
	S	ΔIA_1	0	0	−0.2%	−0.2%
		ΔIA_6	0	0	0	0
ST	U	ΔIA_1	−0.2%	−0.1%	−0.2%	−0.9%
		ΔIA_6	−0.1%	0	−0.2%	−0.3%
	L	ΔIA_1	0	0	0.1%	−0.8%
		ΔIA_6	0	0	0.1%	−0.5%
	N	ΔIA_1	0.1%	0.1%	0	−0.1%
		ΔIA_6	0	0	−0.1%	0
	S	ΔIA_1	0	−0.1%	−0.3%	−0.3%
		ΔIA_6	0	0	−0.1%	0
TS	U	ΔIA_1	−0.4%	−0.6%	−0.2%	−1.2%
		ΔIA_6	−0.1%	−0.4%	−0.1%	−0.4%
	L	ΔIA_1	−0.1%	−0.1%	0	−1.0%
		ΔIA_6	−0.2%	−0.6%		−0.5%
	N	ΔIA_1	0	0.2%	0	−0.3%
		ΔIA_6	−0.2%	0	0	0
	S	ΔIA_1	−0.2%	−0.1%	−0.3%	−0.5%
		ΔIA_6	−0.2%	−0.1%	−0.2%	0

续表

绿化模式	种植区域	影响范围	街区类型			
			R1	R2	R3	R4
TT	U	ΔIA_1	−0.4%	−0.2%	−0.2%	−1.2%
		ΔIA_6	−0.1%	−0.3%	−0.2%	−0.4%
	L	ΔIA_1	0.2%	−0.1%	0.1%	−0.8%
		ΔIA_6	0	−0.1%	0.1%	−0.5%
	N	ΔIA_1	0	0.1%	0.1%	−0.1%
		ΔIA_6	0	0	0.1%	0
	S	ΔIA_1	0	−0.1%	−0.3%	−0.4%
		ΔIA_6	0	−0.1%	−0.2%	0
标志案例			（R1~R4）−SS/ST/TS/TT−0			
对比案例			（R1~R4）−SS/ST/TS/TT−U/L/N/S			

T2 时段，四类街区呈现出两类不同的 IA 值变化特征，最明显的特点是行列式街区（R1、R2）的种植区域可选性要明显多于围合式街区（R3、R4）。

在行列式街区中，除将绿地设置在街区中心处外，还可以通过将其设置在街区南部与北部获得相同的 IA_1 值。当采用 SS 与 ST 形式绿化时，还可以将其设置于街区下风向处。

在围合式街区中，R4 类型的街区只有选择将绿地设置在街区中央才能获得相对最大的热舒适性改善范围。R3 街区在选择 ST、TS、TT 三类拥有乔木的案例中，还可以考虑将绿地设置于街区下风向处与街区北侧。

在 T2 时段内，选择更有利于热舒适性改善的种植区域相比将其设置在街区中央时最多只能多 0.2 个百分点的面积占比。但是，如果选择设置在不利于热舒适性改善的区域，例如上风向时，最大可能造成 1.2 个百分点面积占比的恶化。也就是说，就 T2 时段而言，首要的目标是避免将绿化设置在不利于热舒适性改善的区域。

3）T3 时段（16：00—19：00）住宅楼间 PET 主要影响区域的变化特点

T3 时段，在居住街区中心处设置景观绿地或小游园对研究区域 IA 值的影响见表 5-21 所列。

在 T3 时段，各类街区中将绿化区域设置在街区中心处都可以获得相对较大的 IA 值。其中，R4 街区无论选择何种种植区域均无法获得比将其设置在街区中心处更大的热舒适性改善区域。其他三类街区中，在部分情况下可以选择将绿地设置在街区下风向处来获得更大的热舒适性改善区域。这些情况出现在选择了 ST 与 TT 两类绿化形式时。虽然将绿地设置在街区下风向处可以获得更大的 IA 值，但该值与绿地设置在街区中心处的 IA 值的差别很小，二者的最大差别仅为 0.1%。

除 R4 类型街区外，其他类型的街区还可以将绿地设置在街区的南部或北部。采用这两种布局产生的 IA 值与将绿地设置在街区中心处基本相等，仅在 IA_1 值中存在低 0.2 个百分点的情况。

T3时段景观绿地及小游园种植区域对住宅楼间IA值的影响　　　　表5-21

绿化模式	种植区域	影响范围	街区类型			
			R1	R2	R3	R4
SS	U	ΔIA_1	0	−0.4%	−0.3%	−0.5%
		ΔIA_6	0	−0.4%	0	−0.2%
	L	ΔIA_1	0	−0.1%	−0.1%	−0.1%
		ΔIA_6	0	−0.2%	0	−0.1%
	N	ΔIA_1	0	0	−0.1%	−0.1%
		ΔIA_6	0	0	0	0
	S	ΔIA_1	0	0	−0.2%	−0.2%
		ΔIA_6	0	0	0	0
ST	U	ΔIA_1	−0.1%	−0.3%	−0.3%	−0.6%
		ΔIA_6	0	−0.3%	−0.3%	−0.3%
	L	ΔIA_1	0.1%	0	0.3%	−0.1%
		ΔIA_6	0	0	0.1%	−0.1%
	N	ΔIA_1	0	0.1%	0	−0.1%
		ΔIA_6	0	0	−0.2%	0
	S	ΔIA_1	0	0	−0.3%	−0.2%
		ΔIA_6	0	0	−0.2%	0
TS	U	ΔIA_1	−0.3%	−0.4%	−0.2%	−1.1%
		ΔIA_6	0	−0.2%	−0.2%	−0.6%
	L	ΔIA_1	−0.2%	0	0.3%	−0.4%
		ΔIA_6	0	0	0.2%	−0.1%
	N	ΔIA_1	−0.2%	−0.1%	−0.1%	−0.2%
		ΔIA_6	0	0	−0.2%	0
	S	ΔIA_1	−0.2%	0	−0.2%	−0.4%
		ΔIA_6	0	0	−0.2%	0
TT	U	ΔIA_1	−0.3%	−0.4%	−0.3%	−1.1%
		ΔIA_6	0	−0.2%	−0.2%	−0.6%
	L	ΔIA_1	0.1%	−0.1%	0.3%	−0.2%
		ΔIA_6	0	0	0.2%	−0.1%

绿化模式	种植区域	影响范围	街区类型			
			R1	R2	R3	R4
TT	N	ΔIA_1	0	0.1%	−0.1%	−0.1%
		ΔIA_6	0	0	−0.2%	−0.1%
	S	ΔIA_1	−0.1%	0	−0.2%	−0.3%
		ΔIA_6	0	0	−0.2%	−0.1%
标志案例			（R1~R4）–SS/ST/TS/TT–0			
对比案例			（R1~R4）–SS/ST/TS/TT–U/L/N/S			

4）T4 时段（19：00—21：00）住宅楼间 *PET* 主要影响区域的变化特点

T4 时段住宅楼间的 *IA* 值并没有随块状绿化的出现而改变，此处不再赘述。

综合 4 个时段的 *PET* 主要影响范围与绿地种植区域间的相互关系可以发现，除 T4 时段外，其他 3 个时段均呈现出两类主要变化特点：

（1）行列式居住街区（R1、R2）中，将绿地设置于街区中心处与南、北部均可获得较大的 *IA* 值。此外，在采用 SS 与 ST 时，也可将绿地设置在街区下风向处；

（2）围合式居住街区（R3、R4）中，选择将绿地设置在街区中央可以获得相对最大的热舒适性改善范围。此外，在 R3 街区中，当选择 ST、TS、TT 时，还可以考虑将绿地设置于街区下风向处与街区北侧。

4. 景观绿地及小游园种植区域对住宅楼间热舒适性影响原因分析

景观绿地与小游园的种植区域对住宅楼间 *IA* 值的影响特点与活动绿地的相关作用原因基本一致。但是在这两类绿地对街区热舒适性影响中，也存在两个与活动绿地明显不同的特点：①R1 街区中将绿化设置在街区中心处会产生大于其他种植区域案例的 *IA* 值；②在街区南部或北部采用 ST 与 TT 绿地形式可以获得相同或略小于将其设置在街区中心处的 *IA* 值。

产生第一个特点的主要原因是 R1 街区住宅楼的间距较小。在这种情况下，设置景观绿地或小游园这种采用较高植被的绿地时，街区热舒适性会有非常明显的改善。同时，绿地也会在街区中形成影响范围明显大于活动绿地的"冷区"，当将其设置在街区中心处时，由绿地产生的"冷区"可以有更多与周边环境进行热交换的机会。

同时，产生这一特点的原因也促进了第二个特点的产生。因为 ST 与 TT 案例中，乔木占比是所有集中绿地模式中最多的。根据第 4 章的结论可知，乔木对热舒适性的改善作用要明显强于其他任何类型的植被。因此，这两类绿地对热舒适性改善作用也要强于其他类型的绿地。故而，当把这两类绿地布置于街区相对中心部位时，会改善周围更多区域的热舒适性，而街区的南部与北部相对于设置在上、下风向处更接近街区的中心，因此产生了上述的第二个特点。

5.3　居住街区楼间绿化设计方法

5.3.1　不同类型街区的可选带状绿化形式

各时段不同类型街区建议采用的绿化形式见表5-22所列。

综合本书4.3节所述绿化选型原则与本章的研究结论可以发现，居住街区带状绿化对热舒适性改善的重点在于其植被高度而不是植被间距。当植被较高时（9m、12m），不论采用何种植被间距都可以获得相对更好的热舒适性。若采用中等高度的植被（6m）则需要采用连续种植才能获得相对较好的热舒适性环境。

此外，首选种植区域为双侧种植方式。如因规划需要或实际案例无法进行双侧种植时，应先考虑将绿化单侧种植于住宅楼南侧，最后才考虑将带状绿化仅设置于住宅楼北侧。

上述变化特点可以让设计师在对街区带状绿化设置中根据实际需求选择绿化形式。首先，可以根据街区日照的条件选择尽可能高的植被。如果过高的植被会对主要用房的日照产生影响，则可以通过拉大植被间距来弥补这一不足。同时，如果需要在街区地面上设置停车场或草坪等无法对热舒适性产生明显改善作用的绿化形式时，可以通过减少住宅楼北侧的带状绿化来提供所需的地面区域。

不同类型街区带状绿化的可选绿化形式　　　　　　表5-22

时段	项目	种植间距	植被高度（m）	适应街区类型
T1	首选项	0、0.5、1、1.5、2	12	R1、R2、R3、R4
	可选项	0、0.5、1、1.5、2	9	R1、R2、R3、R4
	最低要求	0	6	R1、R2、R3、R4
		0.5、1、1.5、2	6	R1
T2	首选项	0、0.5、1、1.5、2	12	R1、R2、R3、R4
	可选项	0、0.5、1、1.5、2	9	R1、R2、R3、R4
	最低要求	0、0.5、1、1.5、2	6	R1、R2、R3、R4
T3	首选项	0、0.5、1、1.5、2	12	R1、R2、R3、R4
	可选项	0、0.5、1、1.5、2	9	R1、R2、R3、R4
	最低要求	0	6	R1、R2、R3、R4
		0.5、1、1.5、2	6	R2、R3、R4
T4	首选项	0、0.5、1、1.5、2	6、9、12	R1、R2、R3、R4

时段	项目	种植间距	植被高度（m）	适应街区类型
全天	首选项	0、0.5、1、1.5、2	12	R1、R2、R3、R4
	可选项	0、0.5、1、1.5、2	9	R1、R2、R3、R4
	最低要求	0	6	R1、R2、R3、R4

5.3.2 不同类型街区的可选活动绿地形式

居住街区块状绿地与前文所描述的道路绿化、楼间带状绿化不同，块状绿地的功能性更强，也更有针对性，故而在对块状绿地进行可选种植形式选型中就需要采用相应的选型流程。

在本节中，当选择活动绿地种植形式时，需要从三个步骤进行考虑：①确定活动绿地的功能；②根据功能确定活动绿地的植被组成与植被间距；③确定块状绿地在街区中所处区域。

因为活动绿地功能的确定与本书研究内容无关，故而不再赘述。总体上可以认为，如果有条件选择乔木围合场地（TG）的方式，则应优先选择该绿化模式。此外，如果需要对场地周边进行明确划分，应选择灌木围合场地（SG）的方式。如果希望获得最开阔的视野或弱化场地限定感时，才建议选择 GG 绿化模式。

随后，在确定活动绿地的绿化模式时，为了追求对街区更大范围产生热舒适性改善作用，无论采用何种绿化模式均应选择连续种植的形式。然而，若该绿地周围或边界区域没有大量活动行为时，也可以采用较为稀疏的种植模式，且不会对整个街区的热舒适性有明显的不利影响。例如，若活动绿地周围乔木下方设置了健身器械或休息空间时，连续的种植方式是首要选择。若活动绿地围合绿化仅做限定边界用，则可根据其他需求较为灵活地选择植被间距。

最后则是对活动绿地的种植区域进行选择。在行列式居住街区（R1、R2）中首选将其设置在街区下风向处；其次可将其设置于街区中心。在围合式居住街区（R3、R4）中，首选项是将其设置于街区中心。在 R3 类型街区中，还可以选择将其设置于街区下风向处。

5.3.3 不同类型街区的可选景观绿地及小游园形式

与活动绿地选型模式类似，在针对景观绿地与小游园的绿化形式选择时，也需要考虑 3 个主要内容：①绿地是否允许居民进入；②景观绿地中的造景用植被种类；③绿地在街区中设置的区域。

　　根据本节的研究可知，小游园（TT）对街区热舒适性的改善作用要优于景观绿地。在条件允许的情况下，优先设置的应该是可以让居民参与的小游园。如果需要设置单纯景观用绿地，则首选是以乔木围合灌木形式（TS）的景观绿地，即利用乔木限定景观绿地的边界，并采用灌木为主要景观植被来进行造景设计。如果需要用较为稀疏的种植方式来营造绿化景观，则应考虑采用灌木围合乔木的绿化形式（ST）以改善相对更多区域的热舒适性。尽可能避免在景观绿地营造中仅采用灌木与地被植物。

　　此外，为了充分利用景观绿地本身形成的相对良好的热舒适性环境，在条件允许时，建议将景观绿地开放，让居民感受到景观绿地对热舒适性的改善作用。如景观绿地无法对外开放时，也可以考虑在其周围或围合乔木下方（TS 绿化形式中）设置更多的活动空间，如休息座椅或对场地需求较低的其他活动器械等。景观绿地与街区带状绿化相结合也可以为居民的外出营造出更舒适的热环境。

　　在确定了绿地种植模式后，可以优先将景观绿地或小游园设置在街区中心处，从而将街区的下风向场地留给对设置区域要求更高的活动绿地。当小区不单独设置活动绿地或采用开放景观绿地的方式来为居民提供活动场地时，也可将其设置在居住街区的下风向处，从而最高效地利用该类绿地对街区热舒适性进行改善。如果不便将该类绿地设置在上述两个区域时，也可以将其设置在街区的北部以获得相对最优的热舒适性改善效果。但是，在选择将其设置在街区北部时，应该优先选择 TT 与 ST 两类绿化形式。

　　在设置楼间绿化时，不应仅局限于其对热舒适性的改善问题，还需从居住街区绿地规划角度进行考虑。

　　在居住区规划中，绿地规划需要考虑 6 个主要内容：①与居住街区总体规划对接，从而确定绿地规模及范围；②确定绿地主题及艺术构思；③对街区地形进行规划设计；④明确种植规划，包括功能分区、植被类型、造景设置、建筑小品设计等；⑤明确绿地功能效益；⑥明确水电气管线规划及材料能源等消耗。

　　绿化对街区热舒适性的改善属于对绿地功能效益的规划（上述第五点）。除此之外，在对街区绿化进行规划设计时，还需要考虑其他内容的现实需求。

　　（1）在绿地规模及范围设计中，需要考虑对多种要素进行综合规划。这就需要通过科学的居住街区总体规划使得街区功能完善与便捷。例如，在对居住街区绿化进行设计时，还需要考虑居住街区与周边城市区域的相互关系。若街区周边有自然绿地或公园时，街区内部就不需要过分地考虑小游园存在的必要性。此外，充足的日照对人的工作、生活以及身心健康有非常重要的作用。在进行楼间绿化设置时，要考虑居民在户外活动中对于阳光的需求；

　　（2）就绿地艺术性的营造而言，植被造景作为风景园林设计中的重要组成部分，相关行业的研究已经发现良好的绿地景观可以提升居住街区的适宜性。现有研究表明，任何一种植被都可以为人们提供良好视觉感受，在对绿化形式进行选择时，不应过分追求对热舒适性的改善而刻意采用高大乔木。在对街区绿化进行设计时，应考虑其艺术性与灵活性，避免"千区一面"的呆板绿化形式；

（3）本书中的相关结论并未考虑地形的变化。虽然城市用地通常不存在明显的高程作业，但是当居住街区中存在明显高程变化时，在对靠南侧的植被高度进行选择时应考虑地形造成的植被相对高度差；

（4）除本书中提到的种植区域与种植模式外，在对居住街区绿化种植规划中还需要考虑植被类型与建筑小品设计等。就植被类型而言，不同类型的植被不仅体现在其形态指标中，还会涉及叶片类型、碳循环、开花季与落叶周期等。这些要素也会影响植被的选取，如规划中的"四季景观设计"或"常绿设计"等绿化设计理念。

此外，建筑小品通常也会作为街区景观的一部分进行设计。在考虑建筑小品，如亭、台、廊的建设，应充分利用其遮阴作用及顶部材料对短波辐射的反射作用，与街区绿化共同改善街区热舒适性环境；

（5）对于绿化的维护也是必须要考虑的重要因素。与街区水电气管道布局合理结合可以减少使用中的维护费用，尤其是景观绿地中的草坪，这一特征尤为突出。

5.4 结论

本章主要探讨居住街区楼间绿化形式对街区人群主要出行时段热舒适性的影响。其中，楼间绿化形式被划分为带状绿化与块状绿化两类。块状绿化又根据其使用功能的不同再细分为活动绿地、景观绿地与小游园三类。每种绿地形式又分别考虑了不同植被高度或组成在5种植被间距下对街区热舒适性的影响。此外，还考虑了楼间绿化的种植区域变化对热舒适性的不同影响特征，并由此得出居住街区楼间绿化的建议形式。

1. 带状绿化

（1）就带状绿化种植模式对居住街区两种走向的围合道路空间与住宅楼间空间的热舒适性影响特征而言，带状绿化对街区住宅楼间空间的热舒适性影响最大，对围合道路空间的热舒适性影响较小。就种植模式与热舒适性的影响趋势而言，上述三类空间呈现出较为一致变化特点，即植被种植间距的变化对于街区围合道路热舒适性的影响非常小，但植被高度变化可以获得相对明显的热舒适性改善效果。

四类街区因为植被间距从 0 增加到 2 导致的 PET 平均值最大恶化幅度分别为：0.9℃、0.3℃、0.2℃、1.0℃（南北向道路），1.0℃、0.3℃、0.2℃、1.0℃（东西向道路），4.1℃、1.2℃、0.7℃、1.1℃（住宅楼间）。而采用 12m 植被可以较 0.2m 植被案例中街区 PET 平均值最多低 1.2℃、0.5℃、0.3℃、0.9℃（南北向道路），1.5℃、0.5℃、0.3℃、1.2℃（东西向道路），5.0℃、1.5℃、0.8℃、1.3℃（住宅楼间）。

（2）就带状绿化植被间距对住宅楼间 IA 值的影响而言，当植被不采用连续种植方式时，会有明显的热舒适性恶化区域。但是当植被间距超过一个树冠大小后，采用更大的种植间距也不会明显地扩大热舒适性恶化区域。

四类街区因植被间距从 0 增加到 1 导致的 IA_1 值变化幅度最大分别占其由 0 到 2 间总变化的 91.3%、71.1%、75.0%、76.2%。

就植被高度对住宅楼间 IA 值的影响而言，当利用 6m 的植被对热舒适性进行改善时，街区的热舒适性敏感程度要明显低于使用较低植被的案例。但是植被进一步增高后却不再对 IA 值有明显的影响。

（3）就带状绿化的种植区域而言，双侧设置带状绿化的案例会获得相对最好的热舒适性。双侧种植案例较单侧种植案例的 PET 平均值最多可以低 1.5℃、0.5℃、0.4℃、0.6℃。

4 类街区采用单侧种植形式最多会较采用双侧种植形式的案例分别多产生 15.3%、4.1%、3.5%、3.9% 的 IA_1 值恶化范围。

（4）若将带状绿化单独设置在住宅楼北侧，相对设置在住宅楼南侧，在四类街区中分别多产生 69.0%、78.3%、84.2%、68.2% 的 IA_1 值恶化范围。

2. 块状绿化

（1）就活动绿地植被种植间距而言，街区住宅楼间的热舒适性呈现出随植被间距的增加而略有上升的特点。但该上升幅度较小，街区 PET 平均值变化幅度均未超过 0.5℃。

在采用连续种植时（植被间距为 0），所有类型的植被组成都会比存在间距的案例有更大的改善区域，且所有案例的 IA_6 基本与 IA_1 的差别不超过 0.1%。当植被间距达到 2 时，IA_s 会达到 33.3%（R4-SS）~92.9%（R3-TT）。

（2）活动绿地在行列式街区（R1、R2）中，首选将其设置在街区下风向处；其次可将其设置于街区中心。在围合式街区（R3、R4）中，则首选将其设置于街区中心。在 R3 类型街区中，还可以选择将其设置于街区下风向处。

（3）景观绿地各种绿化组成形式产生的 IA 值从大到小依次为 TT、TS/ST、SS。

其中，TS 与 ST 两类绿化组成对应的 IA 数值间的差别较小。当种植间距为 0 时，TS 案例对应的 IA 值要大于 ST 案例。然而，当种植间距为 2 时，TS 案例对应的 IA 值则会小于 ST 案例。

四类街区中，TT 绿化组成形式较 SS 绿化组成形式分别可以多产生 25.0%、31.3%、48.4%、26.9% 的 IA 范围。TT 绿化组成形式较景观绿地中 IA_1 值最大的 TS 案例也会分别多产生 10.0%、16.7%、39.4%、10.0% 的热舒适性改善范围。IA 最大差别均出现在 15：00—18：00 与 16：00—19：00 两个时段内。

（4）就种植区域而言，相比活动绿地，景观绿地与小游园的可选种植区域更多。这一特点在设置小游园时尤为突出。

所有街区中将景观绿地或小游园设置在街区中心处或下风向场地均可以获得相对最大的 IA 值，在街区南部或北部采用 ST 或 TT 绿地组合形式也可以获得相同或略小于将其设置在街区中心处的 IA 值。

（5）在多层行列式街区中将景观绿地或小游园设置在街区中心处会产生明显大于其他种植区域案例的 IA 值。

第 6 章

居住街区绿化策略的
改善效果分析

根据对提炼出的主要住宅街区类型模型进行的热舒适性模拟分析，可以得出街区常见绿化类型的高效及可选种植形式。为了验证通过模型案例获得的结论可以在实际案例中产生作用，本章对实地测量的 3 个住宅街区案例（案例详情见本书 2.2 节）进行绿化优化，并与现状的热舒适性分布特点进行对比。

在本章中，8：00 作为 T1 时段的代表、16：00 作为 T2 与 T3 共同覆盖的时段代表了这两个时段代表的热舒适性特点。因为绿化对 T4 时段街区热舒适性没有明显的改善作用，本章不对该时段的热舒适性进行对比研究。

6.1　实例街区优化方式

为了充分验证前文中关于种植模式与种植区域的相关结论，本章综合考虑了第 4 章和第 5 章的研究结论在现实中的实施方式，并由此总结出了两种优化方向予以研究。

（1）在不改变植被覆盖率的情况下，通过增加植被高度或改变植被种植区域两种方式进行街区绿化优化。

其中，植被高度增加对应的真实情况是植被长高或更换植被种类的情况。植被种植区域的改变则是对应对街区内现有植被进行移种并使其更加合理。在后文中将这一方式简称为"优化方式一"。

（2）在不改变现有植被布局和高度的情况下，通过增加植被对街区绿化进行优化。

这一优化模式对应的现实情景则是在居住街区中种植更多乔木以增加绿化面积。在后文中将这一方式简称为"优化方式二"。

6.2　实例街区绿化方式调整方法

6.2.1　街区中需要进行热舒适性改善的区域

为了明确不同案例街区中最需要改善热舒适性的区域，根据三类实测街区的热舒适性模拟结果（本书第 3 章），提取了街区中热舒适性现状较差的区域（图 6-1）。根据前文得出的结论，绿化对街区热舒适性改善的主要作用范围是 *PET* 值较高的部分。在真实案例中，以热感受达到 Very Hot 范围的区域作为亟须改善区域。

如图 6-1 所示，R-A 街区中主要有 3 处区域需要对热舒适性进行改善。其中，R-A-1 点热舒适性较差的主要原因为楼间带状绿化仅设置于住宅楼北侧；R-A-2 点热舒适性较差的原因为该区域为停车场地，缺乏相应绿化；R-A-3 点是因为仅在场地内零散地设置了小乔木。R-B 街区中存在 5 处需要改善热舒适性的区域。其中，R-B-1 点缺乏必要的绿化；R-B-2 与 R-B-3 点为活动绿地，但是这两处仅设置了地被植物与极少量的乔、灌木；R-B-4 与 R-B-5 点属于景观绿地，虽然植被数量较多但主要为灌木造景与地被植物。R-C 街区尚未建设完成、户外绿化仍在施工中，因此在该街区中所有楼间的热舒适性均较差。

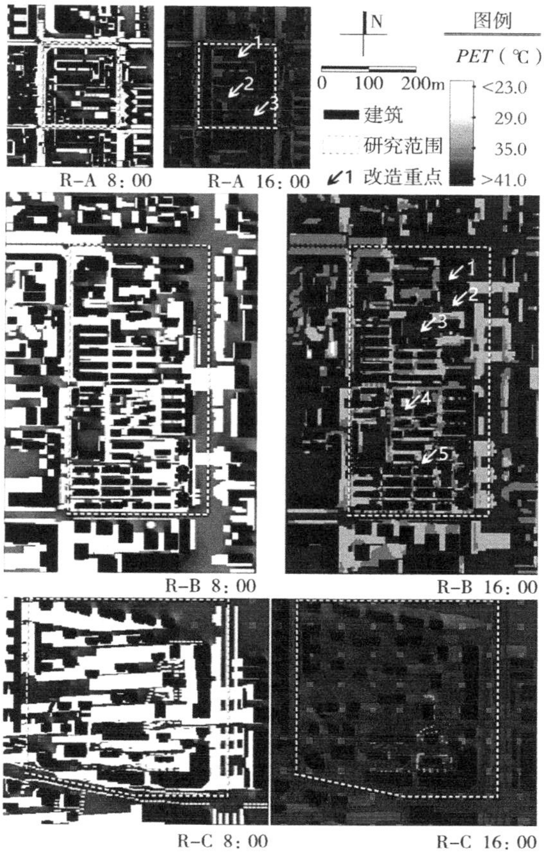

图 6-1 实测街区热舒适性分布特征及亟须改善区域

6.2.2 街区绿化优化方式说明

根据 6.2.1 节中 3 个实测街区的热舒适性分布特征，对其中热舒适性较差区域的绿化形式进行了有针对性的优化。

三类实测街区中代表性区域的优化方式见表 6-1~ 表 6-3 所列。

R-A 街区绿化优化方式   表 6-1

		R-A	
		优化示例	优化描述
优化方式一	增加植被高度	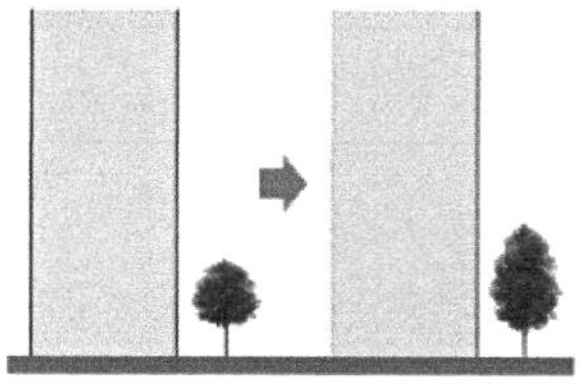	1. 以景观作用为主要目的的街区绿化，其 3~6m 的乔木全部增加为 6m 乔木。 2. 在楼间块状绿化中，6m 乔木增加为 9m

		R-A	
		优化示例	优化描述
优化方式一	移种		将采用树冠相连模式种植的道路绿化及楼间带状绿化的间距确定为 0.5 个树冠尺寸，多出的树种设置在缺失绿化处。若局部绿化不足，则会将其他区域多出植被移种至此
优化方式二	补种		在道路绿化及楼间带状绿化缺失处，补种与邻近绿化相同的绿化形式
			在无乔木的块状绿地周围，补种 6m 乔木

　　R-A 街区在采用优化方式一时，涉及了增加植被高度与移种两类见表 6-1 所列。其中，在考虑植被高度增加时，将产生热舒适性恶化区域的植被高度默认增加到该类植被的较高水平。考虑了 R-A 街区植被的特点，本书中将 3~6m 的植被全部增加为 6m 高度，6~9m 高度的

R-B 街区绿化优化方式　　　　　　　　　　　　　　　　表 6-2

		R-B	
		优化示例	优化描述
优化方式一	增加植被高度		1. 以景观作用为主要目的的街区绿化，3~6m 的乔木全部增加为 6m 乔木。 2. 在楼间块状绿化中，6m 乔木增加为 9m

续表

		R-B	
		优化示例	优化描述
优化方式一	移种		1. 将采用树冠相连模式种植的道路绿化及楼间带状绿化的间距确定为0.5个树冠尺寸,多出的树种设置在缺失绿化处; 2. 在楼间绿化中,被移出的植被高度超过6m时,将其按照6m植被进行移种
优化方式二	补种		1. 在道路绿化及楼间带状绿化缺失处,补种与邻近绿化相同的绿化形式; 2. 在无乔木的块状绿地周围,补种6m乔木

R-C街区绿化优化方式 表6-3

		R-C	
		优化示例	优化描述
优化方式二	补种		1. 在楼间带状绿化缺失处,补种与邻近绿化相同的绿化形式; 2. 在楼间景观绿地外围,补种6m乔木; 3. 在楼间活动场地周围,补种6m乔木

植被则增加为9m。在考虑对植被布局优化时,根据前文研究结论,将树冠相连的植被种植间距改为0.5。同时,将移出的植被移种在周边缺乏绿化的区域。例如,当住宅楼间的带状绿化由单侧种植改为双侧种植,在活动场地外围种植一定数量的乔木等。因为R-A街区中道路绿

化数量极多而楼间绿化本就缺乏，在对 R-A 街区采用方式一进行优化时，将道路绿化较密集区域的部分行道树移至住宅楼间缺乏绿化的区域。当采用方式二对街区绿化进行优化时，没有改变植被高度，而是在缺乏绿化区域补种 6m 高度乔木。主要补种区域为楼间带状绿化与室外活动场地外围，形成双侧带状绿化与 TG 类型活动绿地。

R-B 街区绿化形式改善方式见表 6-2 所列。就优化方式一而言，R-B 街区与 R-A 街区的绿化优化细节类似。其中，最主要差别出现在对街区块状绿地的优化中。因为 R-B 街区中存在高层建筑，相应的楼间绿地也较多。在绿化现状中，很大部分的绿化区域单纯地采用了地被植物和少量乔木、灌木。故而在进行移种与补种时，主要是在绿地外围增加了相应的乔木。此外，R-B 街区中也存在块状景观绿地。在对这部分绿地进行绿化优化时主要采用的是增加植被高度并利用乔木对景观绿地进行了围合，形成 TG 与 TS 类型活动绿地。

R-C 街区绿化形式改善方式见表 6-3 所列。R-C 街区因为现状明显缺乏绿化，故而在优化中仅考虑了增加植被数量的优化方式二。其中，该街区已完成东南部的绿化建设，故而增植区域也都设置在东南部住宅楼间。针对西北部尚且无法明确具体规划特征的区域，则没有对绿化进行优化。R-C 街区的绿化布局特点是在住宅楼间设置大面积的活动场地及零散乔木。针对这种街区绿化特点，将 R-C 街区的活动绿地全部采用乔木进行围合，形成 TG 类型活动绿地。

需要说明的是，上述绿化优化方式中均采用前文归纳的绿化"可选项"而非"首选项"。就优化方式一而言，之所以对绿化布局进行优化，是因为现状绿化数量不足以让街区绿化达到"首选项"程度。因此，采用"可选项"可以让居住街区获得相对较好的热舒适性环境。就优化方式二而言，如果采用绿化"首选项"形式会营造出明显优于采用优化方式一的热舒适性环境。这也会使得无法对比两类优化模式下的居住街区热舒适性环境。

6.2.3 改善模型建立

针对本书 6.2.1 节提出的街区热舒适性需要改造区域，本书采用 6.2.2 节提出的绿化优化方式对 3 个街区的模型进行了相应的改造。改善后的模型如图 6-2 所示。

其中，采用优化方式一的案例模型中，通过 2 种方式对现状模型进行优化：①将景观绿地及活动绿地中所有 3m 乔木改为 9m 乔木、6m 乔木改为 9m 乔木；②将连续种植的带状绿化及道路绿化的种植间距改为 0.5，并将相应植被以种植间距为 0.5 的模式移植在缺乏绿化的道路及住宅楼间。采用优化方式二的案例模型中，通过在缺乏绿化的道路及住宅楼间增植与其周边类似的绿化形式来对现状绿化进行优化。

6.3 优化后案例热舒适性与现状对比分析

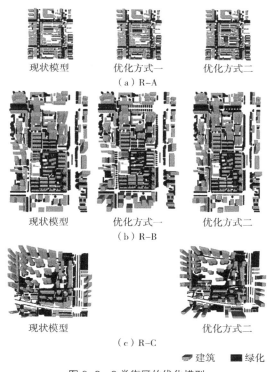

图6-2　3类街区的优化模型

为了对比两种绿化优化方式对街区热舒适性的改善效果，本节分别从绿化改善后的街区整体热舒适性特点与对街区热舒适性的影响幅度两方面进行探讨。

6.3.1 绿化形式优化后的街区热舒适性特点

2种绿化优化方式对三类街区 8：00 热舒适性的改善效果如图 6-3 所示。

总体而言，绿化形式的优化并不会对街区的热感受分布有明显的影响。其主要影响作用在对街区热舒适性的最大值、平均值、中位数改善中。其中又以对街区 *PET* 中位数与平均值的影响最为明显。

就绿化优化后的街区热舒适性分布特征而言，当绿化形式被优化后，3 个街区的 *PET* 平均值最多分别降低 0.8℃、1.6℃与 1.1℃，如图 6-4 所示。同时，绿化优化后的街区 *PET* 中位数则分别下降 1.3℃、1.8℃与 1.6℃。即优化街区绿化后，街区 *PET* 中位数的变化幅度会大于 *PET* 平均值。考虑到街区中并不是所有区域都可以利用绿化来改善热舒适性，中位数的变化可以更好地描述街区热舒适性的整体变化趋势。

不同于这两项指标的明显变化，街区绿化形式对街区的最小值、第一四分位值、第三四分位值与最大值的影响相对较小。因为绿化形式优化而导致的数值变化分别仅为 0.7℃、0.6℃、0.6℃与 0.8℃。其中，前 3 项指标的最大变化均出现在 R-C 中，最大值的最大变化则是出现在 R-A 中。

考虑到街区绿化优化对街区 *PET* 分布特征的影响，可以认为在对街区绿化形式进行优化后，虽然不会对街区的热舒适性跨度有明显影响，但是可以让街区内更多区域的热舒适性更加趋近于 Neutral。

对比 2 种绿化方式对街区热舒适性的影响可以发现，2 种优化方式对热舒适性的影响能力

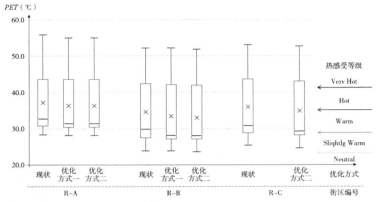

图 6-3　不同优化方式对街区 8：00 热舒适性的影响

基本相同。相比较而言，采用优化方式二可以获得相对更好的热舒适性。采用优化方式二时，街区 PET 平均值可较采用优化方式一的案例最多低 0.4℃（R-B）。

2 种绿化优化方式对三类街区 16：00 热舒适性的改善效果如图 6-4 所示。

与对 8：00 热舒适性的影响不同，对街区绿化进行优化后，在 16：00 可以明显地对街区热舒适性产生积极的影响。这一变化对 PET 最小值、第一四分位值、中位数与平均数都会有明显的影响，其中又以对街区 PET 中位数的影响最为明显。

就绿化优化形式对街区热舒适性的影响而言，2 种绿化优化方式都可以明显地降低街区的 PET 中位数，3 个街区的最大下降幅度分别为 5.4℃、5.7℃ 与 4.8℃。与此同时，优化绿化可以让 3 个街区 PET 最小值、第一四分位值与平均值最多下降 1.5℃、1.2℃ 与 1.9℃。

对比 8：00 的绿化优化效果可知，街区绿化优化后，对街区 16：00 的热舒适性影响趋势与 8：00 基本相同，但是 16：00 的变化幅度要更加明显。

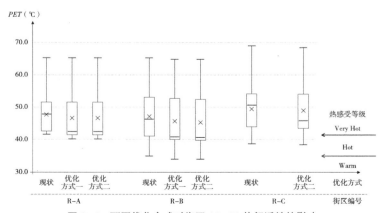

图 6-4　不同优化方式对街区 16：00 热舒适性的影响

对比两种绿化方式对街区热舒适性的影响可以发现，在 16：00，两种优化方式对热舒适性的影响能力差别依然很小。相比较而言，采用优化方式二可以获得相对更好的热舒适性，街区 PET 平均值最多会比采用优化方式一的案例低 0.4℃（R-B）。

综上所述，两种绿化优化方式都可以对街区的热舒适性有积极的影响。对街区绿化形式进行优化后，虽然街区 PET 分布区间不会有明显的变化，但是可以让更多区域的热舒适性变得更加舒适。这一特点在 16：00 最为明显。

6.3.2　绿化形式优化对街区热舒适性的影响幅度与对应面积占比

如 6.3.1 节所述，对街区绿化进行优化后，可以对街区大面积区域的热舒适性产生有利影响。但是根据本书第 4 章、第 5 章的结论可知，绿化对街区热舒适性的改善效果主要出现在绿化周边。因此，为了明确街区绿化形式优化的影响范围与对应范围的热舒适性变化幅度，需要进一步考虑绿化优化后的街区热舒适性的变化幅度与对应的面积占比。

采用不同绿化优化形式时，三类居住街区热舒适性变化幅度及对应面积占比如图 6-5～图 6-7 所示。其中，PET 变化幅度为负值代表对居住街区绿化优化后 PET 值会下降，即改善了街区的热舒适性。

1. R-A 街区（纯多层居住街区）优化绿化形式对街区热舒适性的影响幅度

就绿化优化对街区热舒适性的影响而言，以 8：00 的热舒适性变化特征为例（图 6-5），虽然对街区绿化进行了优化，但是无论采用哪种绿化方式，街区 81.9% 以上的区域都没有产生热舒适性的变化。除此之外，最大面积的 PET 值变化幅度依次为 -1~0℃（优化方式一 8.6%、优化方式二 8.6%）、0~1℃（优化方式一 7.2%、优化方式二 6.9%）、小于 -6℃（优化方式一 1.2%、优化方式二 1.2%）。其余 PET 值变化幅度的区域面积占比则明显小于上述四类区间。

就各类 PET 变化幅度的所处区域而言，变化幅度为小于 -6℃的区域主要在新增植被的区域，在少量增加植被高度后的区域内也有这一变化特点。变化幅度为 -1~0℃的区域主要在增加植被数量或增加植被高度区域的周边。与变化幅度为小于 -6℃的区域呈现出明显的空间包围特征。在移出了部分植被的区域也出现热舒适性恶化的情况。这一部分的 PET 恶化幅度主要为 0~1℃。

需要说明的是，在 8：00，这一变化特征在两种绿化优化方式间差别较小。总体而言，采用优化方式二可以较采用优化方式一获得更大的热舒适性改善范围，且 PET 恶化的区域面积也会较小。

就不同时刻街区热舒适性变化幅度而言，08：00 的热舒适性变化幅度较 16：00 略小，二者的区别主要在 PET 变化幅度为 -2~-1℃的区间内。

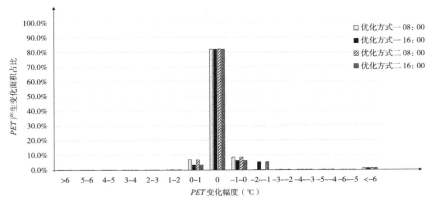

图 6-5　不同绿化优化方式对 R-A 街区热舒适性的影响

在 8：00，对绿化模式进行优化后产生 -2~-1℃幅度 *PET* 改善的区域面积极小（最大仅为 0.2%），但是在 16：00，优化街区绿化形式可以让街区 5.5% 面积的区域产生这一幅度的改善。同时，在 16：00，产生热舒适性恶化幅度为 0~1℃的区域面积则明显比 8：00 时小，区别分别可达 3.8 个百分点（优化方式一）与 3.5 个百分点（优化方式二）。

2. R-B 街区（多、高层混合居住街区）优化绿化形式对街区热舒适性的影响幅度

采用不同绿化优化形式时，R-B 居住街区热舒适性变化幅度及对应面积占比如图 6-6 所示。

就绿化优化对街区热舒适性的影响而言，与 R-A 街区热舒适性改善效果类似，无论采用哪种绿化方式，街区超过 53.0% 的区域都不会有热舒适性的变化。此外，*PET* 值变化幅度也较为相似，均主要集中在 0~1℃、-1~0℃、-2~-1℃与小于 -6℃四个区间。

就不同时刻街区热舒适性变化幅度而言，在 8：00 两种优化模式产生的热舒适性变化区别较小。但是在 16：00，采用优化方式二会比优化方式一在 -2~-1℃改善幅度内多产生 4.9 个百

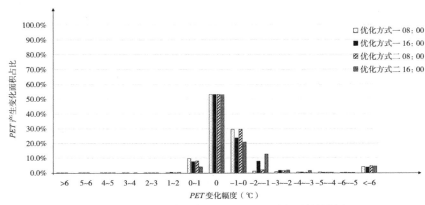

图 6-6　不同绿化优化方式对 R-B 街区热舒适性的影响

分点的改善区域，并且只有在16：00时，才会有较多区域的 *PET* 会产生 -2~-1℃的变化。与此同时，优化方式二造的热舒适性主要恶化面积（0~1℃）占比在不同时刻会较优化方式一分别小1.6个百分点（8：00）与3.4个百分点（16：00）。

3. R-C 街区（纯高层居住街区）优化绿化形式对街区热舒适性的影响幅度

采用不同绿化优化形式时，R-C 居住街区的热舒适性变化幅度及对应面积占比如图 6-7 所示。

如图所示，R-C 街区与 R-A 街区热舒适性改善效果类似，但 R-C 街区在 2 个时刻的热舒适性改善幅度差别很小。最大的区别出现在变化幅度为 -2~-1℃区间内。R-C 类街区在 16：00 较 8：00 有更多的区域产生相对较明显的热舒适性改善，二者差别可达 2.2 个百分点。

对比绿化形式优化后的街区热舒适性变化可以发现，三类居住街区间存在 3 个明显的热舒适性变化特点：

（1）就优化方式而言，两种方式对整个居住街区的热舒适性改善效果差别较小。总体上可以认为优化方式二对街区的热舒适性改善相对更明显。考虑到并不是对整个居住街区的绿化形式进行了改变，所以可以认为优化绿化方式对绿化形式被改变的区域周边热舒适性有着非常明显的作用。此外，在采用优化方式二时，街区出现的热舒适性恶化区域面积则会较采用优化方式一的案例更小；

（2）就对热舒适性影响程度而言，在对绿化形式进行优化后，街区中均会出现热舒适性恶化与改善的区域。其中，热舒适性恶化幅度主要发生在 0~1℃，热舒适性改善幅度主要发生在 -1~0℃、-2~-1℃与小于 -6℃。上述四类变化幅度中，热舒适性产生 -1~0℃程度的改善面积最大；

（3）就不同时刻而言，16：00 较 8：00 会有更多的区域产生更明显的热舒适性改善，尤其是改善幅度为 -2~-1℃的区间内。同时，16：00 也会较 8：00 热舒适性恶化的区域更少。

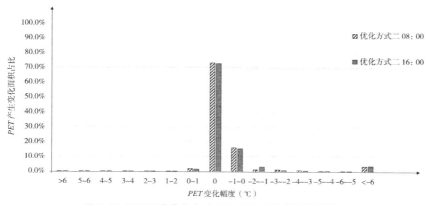

图6-7 不同绿化优化方式对 R-C 街区热舒适性的影响

6.4 实例街区内绿化形式优化影响热舒适性的原因

就上节所述的 3 个街区热舒适性主要变化特征而言，原因可以归纳为 3 点：

1. 街区绿化覆盖率的变化

绿化覆盖率与区域热环境的相互关系已经在城市尺度与区域尺度上被大量论文所证实[92]。优化方式二通过补种植被可以明显地提高街区的绿化覆盖率。绿化覆盖率的提高可以减少街区吸收的太阳辐射，由此则会明显地改善街区的热舒适性。正如本书第 4 章和第 5 章的研究结论，如果可以采用树冠相连的种植间距，则可以选择的植被高度也更加灵活。因此，采用优化方式二可以获得较优化方式一相对更好的街区热舒适性环境。

2. 绿化所处区域的变化

采用优化方式一时，为了弥补街区中因为缺乏植被而导致的热舒适性较差区域，将原本街区中树冠相连的绿化区域的植被间距增加为 0.5 个树冠尺寸。这种种植模式必然会导致树荫面积的减小。因此，街区中必然会存在热舒适性恶化区域。需要说明的是，虽然减少了部分植被，但是移出了植被的区域均为原绿化密集区，故而仅会产生热舒适性变化不超过 1℃ 的恶化，其对应的恶化面积也相对较小。

采用优化方式二时，连续同质的绿化形式会降低区域的风速，也会导致区域的热舒适性恶化。但是考虑到西安市风环境原本较差，这种热舒适性恶化幅度会较小。这一特点也能解释为何优化方式二造成的热舒适性恶化区域面积较采用优化方式一更小。

3. 太阳辐射强度的变化

绿化优化在不同时刻对街区热舒适性产生的不同变化幅度与占比，主要原因是太阳辐射的强度变化。因为 16：00 太阳辐射强度明显强于 8：00，故而植被在 16：00 可以更明显地减少街区吸收的太阳辐射能量。当有更多的阴影区出现时，则会有更多的区域产生更明显的热舒适性改善。

本章通过采用本书理想模型得出的绿化形式优化策略对实际案例的绿化形式进行优化，从而探讨相应改善策略的可行性。

主要结论如下：

（1）采用增加植被数量的优化方式可以较增加植被高度与移栽植被的模式获得相对更明显的热舒适性改善效果，但是二者差别较小；

（2）在对街区绿化形式进行优化后，热舒适性的改善幅度主要在 0~1℃。此外，则是 1~2℃ 与 6℃ 以上；

（3）在改变绿化形式后，不但会对街区热舒适性产生改善作用，也会产生微弱的恶化。但是热舒适性的恶化幅度不超过1℃，且恶化面积占比也明显较改善区域小；

（4）16：00较8：00会有更多的区域产生更明显的热舒适性改善，同时也会有更少区域的热舒适性产生恶化。

第 7 章

结论与展望

7.1 本书主要结论

伴随着高速的城市建设与扩张，人类的建设活动对气候环境的影响越发明显，热岛效应导致热环境恶化作为普遍存在于城市中的气候问题已经得到了社会的广泛关注。绿化是改善城市户外热环境的有效方法，虽然人们能够从定性的角度理解绿化对改善热环境的作用，但对于借助定量分析来科学地进行绿化则长期缺乏有效的方法指导，如何科学地选择绿化形式实现提升户外热舒适性已成为亟待研究的重要课题。

居住街区既是城市化进程中发展速度最快、开发规模最大的建设项目，也是日常生活中人们停留时间最长、活动最频繁的区域。在我国大力推广"街区制"城市居住空间建设的背景下，科学地对居住街区中的绿地进行规划设计，从而有效地提升居住街区户外热舒适性环境是本书最主要的研究动因和目标。

本书以城市居住街区围合道路及住宅楼群区域内的绿化为对象，以西安市为研究背景城市，以提升人们主要户外活动时段的热舒适性为目标，采用实测采集数据和CFD模拟计算相结合的方式，定量分析了居住街区绿化形式对街区热舒适性的影响效果与范围，从而归纳总结出城市居住街区绿化策略与方法。形成的主要结论如下：

1. 居住街区围合道路行道树适宜的绿化种植方式

（1）街区围合道路行道树绿化间距的减少可以有效改善街区围合道路区域的热舒适性。在南北向道路中采用行道树间距为0的种植模式可以获得最佳热舒适性环境；东西向道路中采用行道树间距为0或0.5的种植模式均可获得最佳热舒适性环境。

（2）街区围合道路行道树绿化高度的增加可以降低围合道路区域的热舒适性敏感程度，这一特征在东西向道路中尤为明显。随着行道树高度从6m上升到12m，南北向道路PET平均值的降低幅度可达0.6~3.2℃，东西向道路PET平均值的降低幅度可达0.8~4.5℃。

（3）在行道树高度为12m时，二板三带式道路的PET值要优于一板二带式道路。二板三带式道路最多有2.4个百分点的区域的PET值较一板二带式道路低1.0℃以上；选择6m或9m的植被时，该差别仅为1.0个百分点。这一特征在南北向道路中尤为明显。

（4）街区围合道路行道树间距与高度的变化对住宅楼间的热舒适性没有明显的影响。

2. 居住街区内部适宜的楼间带状绿化形式

（1）居住街区内部楼间绿化植被间距的减少与植被高度的增加可以有效改善住宅楼间的热舒适性，对街区围合道路区域的热舒适性没有明显的影响。

（2）当植被高度为9m或12m时，0~2的植被间距可以获得大致相同且较好的户外热舒适性。当植被高度为6m时，只有植被间距为0才能获得相对较好的户外热舒适性。

（3）种植模式对户外热舒适性的影响：植被间距从0增加到2时最多会导致住宅楼群区域的 *PET* 平均值恶化0.9℃（南北向道路）、1.0℃（东西向道路）、4.1℃（住宅楼间）；植被高度从12m降低至0.2m时最多会导致住宅楼群区域的 *PET* 平均值恶化1.2℃（南北向道路）、1.5℃（东西向道路）、5.0℃（住宅楼间）。

（4）种植模式对 *IA* 值的影响：植被间距从0增加到1时导致的 IA_1 值变化幅度最大会占到其由0到2间总变化的91.3%。

（5）种植区域对户外热舒适性影响：双侧种植会获得好于单侧种植方式的热舒适性环境。单侧设置带状绿化最多可较双侧设置案例的 *PET* 平均值高1.9℃，并会多产生15.3%的 IA_1 值恶化范围。将带状绿化单独设置于住宅楼南侧会比设置在北侧获得更好的户外热舒适性，带状绿化单侧种植在住宅楼北侧会比设置在南侧多产生84.2%的 IA_1 值恶化范围。

3. 居住街区内部适宜的楼间块状绿化形式

（1）活动场地中的植被组合方式、种植间距和种植区域会对居住街区内部的户外热舒适性产生影响。在植被组合方式上：乔木围合场地的植被组合可以获得最好的热舒适性效果，在对活动绿地空间进行围合限定时，可以选择灌木围合方式；当需要营造开阔空间感受时，可选择地被植物围合场地。在种植间距设定上：种植间距为0时，可较其他种植间距案例的街区 *PET* 平均值降低0.5℃，同时密集的种植间距还可以降低街区的热舒适性敏感程度。在种植区域的选择上：行列式街区首选将活动绿地设置在街区下风向处，围合式街区首选将活动绿地设置于街区中心。

（2）景观绿地与小游园的植被组合方式、种植间距和种植区域也会对居住街区内部的户外热舒适性产生影响。在植被组合方式上：乔木围合灌木优于灌木围合乔木，前两种植被组合方式要好于仅为灌木的种植形式。在种植间距设定上：当种植间距为0时，乔木围合灌木案例对应的 *IA* 值要大于灌木围合乔木案例；当种植间距为2时，二者呈现出相反的特征。在种植区域的选择上：设置在街区中心处或下风向场地时可以获得相对最大的 *IA* 值，在街区南部或北部采用ST或TT植被组合形式也可以获得相同或略小于将其设置在街区中心处的 *IA* 值。

（3）小游园较景观绿地案例可以多增加39.4%~48.4%的热舒适性改善范围。

7.2 展望

本书定量研究了城市居住街区中主要绿化形式对街区热舒适性的影响，并提出了相应的优化建设方案。进一步的探索可以从以下4个方面展开：

（1）居住街区空间形态的多样性问题。在城市建设中，并不是所有的地块都可以被完整地用来进行居住街区建设，对于不规则用地的研究可以进一步拓展研究结论的适用范围。同时，因为居住街区绿化的布局特征，街区中必然会存在距离绿化较远的区域（如路口）。这些区域的热舒适性无法通过绿化进行高效改善，提出涉及更多要素的改善方式可以让街区的热舒适性获得更加全面的改善。

（2）绿地的艺术性与独特性问题。艺术手法在城市设计中是必不可少的一环，实际方案中的每一块绿地、每一株植被都是不同的，对绿化类型和组成的进一步研究还可以引入居民主观感受的相关要素。

（3）街区的主观产热问题。因为各地经济发展状况与人群对气候的适应程度各有不同，在实际建设中会有更多人的主观行为需要被考虑，主观热源的引入可以更好地描述街区热环境特征。同时，对这一部分研究内容的引入在高层居住街区中可以更好地描述因为人口变化所带来的内热源变化，如空调设备的散热。

（4）冬季居住街区热舒适性的影响。现阶段的相关研究表明，高密度的常绿乔木可以改善冬季夜间的热舒适性，但在日间则会产生相反的效果。综合考虑冬夏两季与更多的植被类型（落叶或常绿）可以提出适应性更广泛的结论。

伴随着城市的进一步发展，必将会面临更加严峻的城市气候问题，但是与这一进程同行的还有科学技术的进步，相信在多学科交叉、多数据融合的研究背景下，必然会对本书研究未涉及的问题形成更加系统、精确和完善的回答。

参考文献

[1] 曹文静，孙傅，刘益宏．等极端高温事件对城市用水量和供水管网系统的影响 [J].气候变化研究进展，2018（5）：485-494.

[2] 陈宏．通过建筑外壁绿化改善城市热环境的研究 [J].新建筑，2002（2）：78-79.

[3] 陈露．夏热冬冷地区室内热环境与人体热舒适及热健康的关系研究 [D].重庆：重庆大学，2006.

[4] 程康，沈道齐．"21世纪城市"会议：关于城市未来的柏林宣言（2000年7月6日）[J].现代城市研究，2001（1）：4-5.

[5] 付希燕．极端高温天气生存法则 [J].现代职业安全，2013（8）：120-122.

[6] 傅礼铭．钱学森山水城市思想及其研究 [J].西安交通大学学报（社会科学版），2005（3）：71-81.

[7] 顾宇丹．2013年上海夏季高温特点及其对城市影响 [C]// 第31届中国气象学会年会 S2 灾害天气监测、分析与预报，2014.

[8] 郭曾明．热环境对运动机能的影响 [J].体育研究与教育，2003（4）：95-98.

[9] 何炳伟，赵伟，李爱农，等．基于 Landsat 8 遥感影像的新旧城区热环境特征对比研究：以成都市为例 [J].遥感技术与应用，2017（6）：1141-1150.

[10] 何念如，吴煜．中国当代城市化理论研究 [M].上海：上海人民出版社，2007.

[11] 贺松．绿地对居住区热环境的影响综述及其规划策略研究 [J].科技创新与应用，2018（18）：129-130.

[12] 胡焕庸．中国人口之分布：附统计表与密度图 [J].地理学报，1935（2）：33-74.

[13] 华征．基于人体生理参数的热舒适综合评价及应用 [D].重庆：重庆大学，2012.

[14] 黄焕春，运迎霞，李洪远，等．建筑密度与夏季热岛的尺度响应机制 [J].规划师，2015（12）：101-106.

[15] 黄丽明，陈健飞．城市景观格局时空特征的热环境效应研究：以广州市花都区为例 [J].自然资源学报，2015（3）：480-490.

[16] 黄祖辉，汪晖．城市发展中的土地制度研究 [M]．北京：中国社会科学出版社，2002．

[17] 金雨蒙，康健，金虹．哈尔滨旧城住区街道冬季热环境实测研究 [J]．建筑科学，2016（10）：34-38．

[18] 靳东晓．城市规划原理 [M]．天津：天津大学出版社，2006．

[19] 李文彦．煤矿城市的工业发展与城市规划问题 [J]．地理学报，1978（1）：63-77．

[20] 梁朋，汪妮，张倩倩．小区空气环境的 CFD 模拟预测与评价 [C]// 全国暖通空调制冷学术年会论文集，2010．

[21] 林波荣．绿化对室外热环境影响的研究 [D]．北京：清华大学，2004．

[22] 林桂兰，左玉辉．厦门湾城市化过程的人口资源环境与发展调控 [J]．地理学报，2007（2）：137-146．

[23] 刘蔓．景观设计方法与程序 [M]．重庆：西南师范大学出版社，2008．

[24] 刘艳红，郭晋平，魏清顺．基于 CFD 的城市绿地空间格局热环境效应分析 [J]．生态学报，2012（6）：1951-1959．

[25] 刘耀彬，李仁东，宋学锋．中国区域城市化与生态环境耦合的关联分析 [J]．地理学报，2005（2）：237-247．

[26] 陆大道，姚士谋．中国城镇化进程的科学思辨 [J]．人文地理，2007（4）：1-5，26．

[27] 栾庆祖，叶彩华，刘勇洪，等．城市绿地对周边热环境影响遥感研究：以北京为例 [J]．生态环境学报，2014（2）：252-261．

[28] 孟晓晨．城市化与城市化道路 [J]．城市规划，1992（3）：9-13．

[29] 缪军．中国城市化的约束 [J]．城市规划，2003（7）：17-21．

[30] 彭翀，李楚，李保峰．基于"风道"理论的大城市旧城风热环境优化研究 [J]．南方建筑，2016（3）：11-15．

[31] 彭翀，邹祖钰，洪亮平，等．旧城区风热环境模拟及其局部性更新策略研究：以武汉大智门地区为例 [J]．城市规划，2016（8）：16-24．

[32] 任志彬．城市森林对城市热环境的多尺度调节作用研究：以长春市为例 [D]．北京：中国科学院大学，2014．

[33] 宋家泰．城市—区域与城市区域调查研究：城市发展的区域经济基础调查研究 [J]．地理学报，1980（35）：277-287．

[34] 宋绪忠，杨华，张鹏，等．基于遥感技术的森林降低热岛效应研究 [J]．中国科技成果，2011（14）：42-44．

[35] 孙燕瓷，张学雷，程训强，等．城市化对南京地区土壤多样性影响的灰色关联分析 [J]．地理学报，2006（3）：311-318．

[36] 唐鸣放，王东，郑开丽．山地城市绿化与热环境 [J]．土木建筑与环境工程，2006（2）：1-3．

[37] 王保忠，安树青，王彩霞，等．美国绿色空间思想的分析与思考 [J].建筑学报，2005（8）：51-53.

[38] 王保忠，王彩霞，李明阳，等．国外城市绿地研究的理论与方法 [J].生态学杂志，2006（7）：857-862.

[39] 王克勤，赵璟，樊国盛．园林生态城市：城市可持续发展的理想模式 [J].浙江农林大学学报，2002（1）：58-62.

[40] 王蕾，张树文，姚允龙．绿地景观对城市热环境的影响：以长春市建成区为例 [J].地理研究，2014（11）：2095-2104.

[41] 王雪．城市绿地空间分布及其热环境效应遥感分析 [D].北京：北京林业大学，2006.

[42] 王云，崔鹏，江玉林，等．道路景观美学研究初探 [J].水土保持研究，2006（2）：210-212.

[43] 王志英，潘安定．广州市夏季高温特点及其危害 [J].气象研究与应用，2008（4）：26-29.

[44] 韦婷婷．基于 CFD 技术的城市气候模拟及气候适应性规划策略研究 [D].长沙：中南大学，2010.

[45] 吴缚龙．中国的城市化与"新"城市主义 [J].城市规划，2006（8）：19-23，30.

[46] 吴友仁．关于我国城镇人口劳动构成的初步研究 [J].地理学报，1981（2）：121-134.

[47] 吴友仁．关于我国社会主义城市化问题 [J].城市规划，1979（5）：13-25.

[48] 肖笃宁，李秀珍．景观生态学的学科前沿与发展战略 [J].生态学报，2003（8）：157-163.

[49] 肖寒．基于遥感信息的城市要素与城市群热环境综合响应研究 [D].北京：中国科学院大学，2018.

[50] 肖媛．景观建筑的设计方法与技巧研究 [J].建筑技术开发，2019（8）：11-12.

[51] 徐行．国家气候中心：未来中国夏季极端高温出现概率增加 [N].经济日报，2018-08-09.

[52] 阎小培．关于西方国家逆城市化的思考 [J].城市规划，1990（3）：46-49.

[53] 杨晓峰．对可持续发展的城市理论的探索：评《紧缩城市——一种可持续发展的城市形态》[J].时代建筑，2005（2）：162.

[54] 尹继福．夏季室外热环境对人体健康的影响及其评估技术研究 [D].南京：南京信息工程大学，2011.

[55] 于洪俊．试论城市地域结构的均质性 [J].地理学报，1983（3）：241-251.

[56] 余健，张华玲．病人新陈代谢及其对热环境舒适性评价的影响 [J].制冷与空调（四川），2015（5）：505-508.

[57] 袁雯，杨凯，吴建平．城市化进程中平原河网地区河流结构特征及其分类方法探讨 [J].地理科学，2007（3）：401-407.

[58] 张弛，束炯，陈姗姗．城市人为热排放分类研究及其对气温的影响 [J].长江流域资源与环境，2011（2）：232-238.

[59] 周一星，布雷德肖．中国城市（包括辖县）的工业职能分类：理论、方法和结果 [J].地理学报，1988（4）：287-298.

[60] 周一星. 关于中国城镇化速度的思考 [J]. 城市规划，2006（B11）：32-35，40.

[61] 朱怿，张玉坤."街区住宅"的涵义及其规划设计策略探析 [J]. 建筑学报，2005（10）：11-13.

[62] 朱正举，于文学. 两难困境下的城市化进程及其对策 [J]. 城市发展研究，2000（6）：35-38.

[63] 祝新伟. 夏热冬暖地区小街坊城市空间热环境模拟研究 [D]. 哈尔滨：哈尔滨工业大学，2012.

[64] 劳里·欧林. 景观建筑学 [J]. 王晖 译. 世界建筑，2003（3）：11-13.

[65] 博奥席耶. 勒·柯布西耶全集 [M]. 北京：中国建筑工业出版社，2005.

[66] ABDEL A M，AL I M，SHADY M R. Human thermal comfort and heat stress in an outdoor urban arid environment：a case study[J]. Advances in Meteorology，2013：693541.

[67] ALI F，HELMUT M. Numerical study on the effects of aspect ratio and orientation of an urban street canyon on outdoor thermal comfort in hot and dry climate[J]. Building & Environment，2006（2）：94-108.

[68] ANDEROU E. Thermal comfort in outdoor spaces and urban canyon microclimate[J]. Renewable Energy，2013（55）：182-188.

[69] ARNFIELD A. Micro and mesoclimatology[J]. Progress in Physical Geography，1998（22）：103-113.

[70] HANNA G. Energy standards for non-residential buildings in arab countries[J]. Current Journal of Applied Science and Technology，2014（4）：1989-2000.

[71] BLOCK D. A new model for residential development[J]. Business，1998（20）：14-17.

[72] BLOCKEN B，JANSSEN W D，VAN HOOFF T. CFD simulation for pedestrian wind comfort and wind safety in urban areas：General decision framework and case study for the Eindhoven University campus[J]. Environmental Modelling & Software，2012（30）：15-34.

[73] BLOCKEN B. 50 years of computational wind engineering：past，present and future[J]. Journal of Wind Engineering and Industrial Aerodynamics，2014（129）：69-102.

[74] BLOCKEN B. Computational fluid dynamics for urban physics：importance，scales，possibilities，limitations and ten tips and tricks towards accurate and reliable simulations[J]. Building and Environment，2015（91）：219-245.

[75] BOWLER D E，BUYUNG L，KNIGHT T M，et al. Urban greening to cool towns and cities：A systematic review of the empirical evidence[J]. Landscape and Urban Planning，2010（3）：147-155.

[76] BRÖDE P，FIALA D，BLAZEJCZYK K，et al. Deriving the operational procedure for the Universal Thermal Climate Index（UTCI）[J]. International Journal of Biometeorology，2012（3）：481-494.

[77] CAI Y B，CHEN Y H，TONG C. Spatiotemporal evolution of urban green space and its impact on the urban thermal environment based on remote sensing data：A case study of Fuzhou City，China[J]. Urban Forestry & Urban Greening，2019（41）：333-343.

[78] CHARALAMPOPOULOS I, TSIROS I, CHRONOPOULOU A, et al. Analysis of thermal bioclimate in various urban configurations in Athens, Greece[J]. Urban Ecosystems, 2013 (2): 217-233.

[79] CHATZIDIMITRIOU A, YANNAS S. Street canyon design and improvement potential for urban open spaces: the influence of canyon aspect ratio and orientation on microclimate and outdoor comfort[J]. Sustainable Cities and Society, 2017 (33): 85-101.

[80] CHEN H, OOKA R, HARAYAMA K, et al. Study on outdoor thermal environment of apartment block in Shenzhen, China with coupled simulation of convection, radiation and conduction[J]. Energy and Buildings, 2004 (12): 1247-1258.

[81] CHEN X L, ZHAO H M, LI P X, et al. Remote sensing image-based analysis of the relationship between urban heat island and land use/cover changes[J]. Remote Sensing of Environment, 2006 (2): 133-146.

[82] CHEN X, XUE P N, LIU L, et al. Outdoor thermal comfort and adaptation in severe cold area: a longitudinal survey in Harbin, China[J]. Building and Environment, 2018 (143): 548-560.

[83] CHEUNG P K, JIM C Y. Comparing the cooling effects of a tree and a concrete shelter using PET and UTCI[J]. Building and Environment, 2018 (130): 49-61.

[84] CHUN B, GULDMANN J-M. Impact of greening on the urban heat island: seasonal variations and mitigation strategies[J]. Computers, Environment and Urban Systems, 2018 (71): 165-176.

[85] CUI L L, SHI J. Urbanization and its environmental effects in Shanghai, China[J]. Urban Climate, 2012 (2): 1-15.

[86] DAI Z X, GULDMANN J-M, HU Y F. Spatial regression models of park and land-use impacts on the urban heat island in central Beijing[J]. Science of The Total Environment, 2018 (626): 1136-1147.

[87] DAVIES M, STEADMAN P, ORESZCZYN T. Strategies for the modification of the urban climate and the consequent impact on building energy use[J]. Energy Policy, 2008 (12): 4548-4551.

[88] DAVIS K. The effect of outmigration on regions of origin[J]. Internal Migration A Comparative Perspective, 1977: 147-166.

[89] DEBBAGE N, SHEPHERD J M. The urban heat island effect and city contiguity[J]. Computers, Environment and Urban Systems, 2015 (54): 181-194.

[90] DU J, SUN C, XIAO Q K, et al. Field assessment of winter outdoor 3-D radiant environment and its impact on thermal comfort in a severely cold region[J]. Science of The Total Environment, 2020 (709): 136175.

[91] DUARTE D H S, SHINZATO P, GUSSON C D S, et al. The impact of vegetation on urban microclimate to counterbalance built density in a subtropical changing climate[J]. Urban Climate, 2015

（14）：224-239.

[92] XU D，ZHOU D，WANG Y P，et al. Temporal and spatial variations of urban climate and derivation of an urban climate map for Xi'an，China[J]. Sustainable Cities and Society，2020（52）：101850.

[93] EL-BARDISY W M，FAHMY M，EL-GOHARY G F. Climatic sensitive landscape design：towards a better microclimate through plantation in public schools，Cairo，Egypt[J]. Procedia - Social and Behavioral Sciences，2016（216）：206-216.

[94] EMMANUEL R，FERNANDO H J S. Urban heat islands in humid and arid climates：role of urban form and thermal properties in Colombo，Sri Lanka and Phoenix，USA[J]. Climate Research，2007（3）：241-251.

[95] ERELL E，PEARLMUTTER D，WILLIAMSON T J. Urban Microclimate：designing the spaces between buildings[C]//Urban Microclimate - Designing the Spaces Between Buildings，2011.

[96] FANG Z S，LIN Z，MAK C M，et al. Investigation into sensitivities of factors in outdoor thermal comfort indices[J]. Building & Environment，2018（128）：129-142.

[97] Feng H B，Hewage K N. Energy saving performance of green vegetation on LEED certified buildings[J]. Energy and Buildings，2014（75）：281-289.

[98] FRANCIS M. Urban open space：designing for user needs[M]. Washington，DC：Island Press，2004.

[99] FRIEDMANN J，WOLFF G. World city formation：an agenda for research and action[J]. International Journal of Urban & Regional Research，1982（3）：309-344.

[100] GAGGE A P，FOBELETS A P，BERGLUND L G. A standard predictive index of human response to the thermal environment[J]. ASHRAE Transactions，1986（2b）：709-731.

[101] HAMI A，ABDI B，ZAREHAGHI D，et al. Assessing the thermal comfort effects of green spaces：A systematic review of methods，parameters，and plants' attributes[J]. Sustainable Cities and Society，2019（49）：101634.

[102] HANSEN R，DOUGLAS Y，ROBERT H，et al. Annotated bibliography of applied physical anthropology in human engineering[M]. Aero Medical Laboratory，Wright Air Development Center，Air Research and Development Command，U. S. Air Force，1958.

[103] HAO Y，WU Y R，WANG L，et al. Re-examine environmental Kuznets curve in China：spatial estimations using environmental quality index[J]. Sustainable Cities and Society，2018（42）：498-511.

[104] HERTEL D，SCHLINK U. Decomposition of urban temperatures for targeted climate change adaptation[J]. Environmental Modelling & Software，2019（113）：20-28.

[105] HIRANO Y，FUJITA T. Evaluation of the impact of the urban heat island on residential and commercial energy consumption in Tokyo [J]. Energy，2012（1）：371-383.

[106] HÖPPE P. The physiological equivalent temperature：a universal index for the biometeorological assessment of the thermal environment[J]. International Journal of Biometeorology，1999（2）：71-75.

[107] HORRISON E，AMIRTHAM L R. Role of built environment on factors affecting outdoor thermal comfort - a case of T. Nagar，Chennai，India[J]. Indian Journal of Science and Technology，2016（5）：1-4.

[108] HUANG W，ZENG Y N，LI S N. An analysis of urban expansion and its associated thermal characteristics using Landsat imagery[J]. Geocarto International，2015（1）：93-103.

[109] HUANG Z F，GOU Z H，CHENG B. An investigation of outdoor thermal environments with different ground surfaces in the hot summer-cold winter climate region[J]. Journal of Building Engineering，2020（27）：100994.

[110] IMAN S N，ICHINOSE M，KUMAKURA E，et al. Thermal environment assessment around bodies of water in urban canyons：a scale model study[J]. Sustainable Cities and Society，2017（34）：79-89.

[111] JAMEI E，RAJAGOPALAN P，SEYEDMAHMOUDIAN M，et al. Review on the impact of urban geometry and pedestrian level greening on outdoor thermal comfort[J]. Renewable and Sustainable Energy Reviews，2016（54）：1002-1017.

[112] JOHANSSON E. Influence of urban geometry on outdoor thermal comfort in a hot dry climate：a study in Fez，Morocco[J]. Building & Environment，2006（10）：1326-1338.

[113] KANDA M，MORIIZUMI T. Momentum and heat transfer over urban-like surfaces[J]. Boundary-Layer Meteorology，2009（3）：385-401.

[114] KLEMM W，HEUSINKVELD B G，LENZHOLZER S，et al. Street greenery and its physical and psychological impact on thermal comfort[J]. Landscape and Urban Planning，2015（138）：87-98.

[115] KOC C B，OSMOND P，PETERS A. Evaluating the cooling effects of green infrastructure：a systematic review of methods，indicators and data sources[J]. Solar Energy，2018（166）：486-508.

[116] KOLOKOTRONI M，GIRIDHARAN R. Urban heat island intensity in London：an investigation of the impact of physical characteristics on changes in outdoor air temperature during summer[J]. Solar Energy，2008（11）：986-998.

[117] KONG F H，YIN H W，LIU J Y，et al. A review of research on the urban green space cooling effect[J]. Journal of Natural Resources，2013（1）：171-181.

[118] KONG L，LAU K K，YUAN C，et al. Regulation of outdoor thermal comfort by trees in Hong Kong[J]. Sustainable Cities and Society，2017（31）：12-25.

[119] LAI A，MAING M，NG E. Observational studies of mean radiant temperature across different outdoor spaces under shaded conditions in densely built environment[J]. Building and Environment，2017（114）：397-409.

[120] LAI D Y, CHEN Q Y. A two-dimensional model for calculating heat transfer in the human body in a transient and non-uniform thermal environment[J]. Energy and Buildings, 2016 (118): 114-122.

[121] LAI D Y, GUO D H, HOU Y F, et al. Studies of outdoor thermal comfort in northern China[J]. Building and Environment, 2014 (77): 110-118.

[122] LAI D Y, ZHOU X J, CHEN Q Y. Measurements and predictions of the skin temperature of human subjects on outdoor environment[J]. Energy and Buildings, 2017 (151): 476-486.

[123] LEE H, MAYER H, CHEN L. Contribution of trees and grasslands to the mitigation of human heat stress in a residential district of Freiburg, Southwest Germany[J]. Landscape and Urban Planning, 2016 (148): 37-50.

[124] LEE H, MAYER H. Maximum extent of human heat stress reduction on building areas due to urban greening[J]. Urban Forestry & Urban Greening, 2018 (32): 154-167.

[125] LENG H, LIANG S, YUAN Q. Outdoor thermal comfort and adaptive behaviors in the residential public open spaces of winter cities during the marginal season[J]. International Journal of Biometeorology, 2020 (64): 217-229.

[126] LI J J, WANG X R, WANG X J, et al. Remote sensing evaluation of urban heat island and its spatial pattern of the Shanghai metropolitan area, China[J]. Ecological Complexity, 2009 (4): 413-420.

[127] LI K M, ZHANG Y F, ZHAO L H. Outdoor thermal comfort and activities in the urban residential community in a humid subtropical area of China[J]. Energy & Buildings, 2016 (133): 498-511.

[128] LIANG X G, TIAN W, LI R C, et al. Numerical investigations on outdoor thermal comfort for built environment: case study of a Northwest campus in China[J]. Energy Procedia, 2019 (158): 6557-6563.

[129] LIISA T, HANNU V. The economic value of urban forest amenities: an application of the contingent valuation method[J]. Landscape & Urban Planning, 1998 (1-3): 105-118.

[130] LIN B R, LI X F, ZHU Y X, et al. Numerical simulation studies of the different vegetation patterns' effects on outdoor pedestrian thermal comfort[J]. Journal of Wind Engineering and Industrial Aerodynamics, 2008 (10): 1707-1718.

[131] LIN T P, TSAI K T, HWANG R L, et al. Quantification of the effect of thermal indices and sky view factor on park attendance[J]. Landscape and Urban Planning, 2012 (2): 137-146.

[132] LIU H, WAN H F, XU S Y, et al. Influence of extrusion of corn and broken rice on energy content and growth performance of weaning pigs[J]. Animal Science Journal, 2016 (11): 1386-1395.

[133] LIU L, LIN Y Y, WANG L, et al. An integrated local climatic evaluation system for green sustainable eco-city construction: a case study in Shenzhen, China[J]. Building and Environment, 2017 (114): 82-95.

[134] LU D F, WU Y, HARRIS G, et al. Iterative mesh transformation for 3D segmentation of livers with cancers in CT images[J]. Computerized Medical Imaging and Graphics, 2015 (43): 1-14.

[135] LU J, LI Q S, ZENG L Y, et al. A micro-climatic study on cooling effect of an urban park in a hot and humid climate[J]. Sustainable Cities and Society, 2017 (32): 513-522.

[136] LUBER G, MCGEEHIN M. Climate change and extreme heat events[J]. American Journal of Preventive Medicine, 2008 (5): 429-435.

[137] LUO X L, YU C W, ZHOU D, et al. Challenges and adaptation to urban climate change in China: a viewpoint of urban climate and urban planning[J]. Indoor and Built Environment, 2019 (9): 1157-1161.

[138] MA X, FUKUDA H, ZHOU D, et al. A study of the pedestrianized zone for tourists: urban design effects on humans' thermal comfort in Fo Shan city, southern China[J]. Sustainability, 2019 (10): 2774.

[139] MA X, FUKUDA H, ZHOU D, et al. Study on outdoor thermal comfort of the commercial pedestrian block in hot-summer and cold-winter region of southern China-a case study of The Taizhou Old Block[J]. Tourism Management, 2019 (75): 186-205.

[140] MAAS J, VAN DILLEN S M E, VERHEIJ R A, et al. Social contacts as a possible mechanism behind the relation between green space and health[J]. Health Place, 2009 (2): 586-595.

[141] MANLEY G. On the frequency of snowfall in metropolitan England[J]. Quarterly Journal of the Royal Meteorological Society, 1958 (359): 70-72.

[142] MEINSHAUSEN M, MEINSHAUSEN N, HARE W, et al. Greenhouse-gas emission targets for limiting global warming to 2 degrees C[J]. Nature, 2009 (7242): 1158-1162.

[143] MI J Y, HONG B, ZHANG T, et al. Outdoor thermal benchmarks and their application to climate-responsive designs of residential open spaces in a cold region of China[J]. Building and Environment, 2020 (169): 106592.

[144] MILLS G. Luke Howard and the climate of London[J]. Weather, 2008 (6): 153-157.

[145] MILLS G. Urban climatology: history, status and prospects[J]. Urban Climate, 2014 (10): 479-489.

[146] MIRZAEI P A, HAGHIGHAT F. Approaches to study Urban Heat Island – Abilities and limitations[J]. Building and Environment, 2010 (10): 2192-2201.

[147] MOCHIDA A, LUN I Y F. Prediction of wind environment and thermal comfort at pedestrian level in urban area[J]. Journal of Wind Engineering and Industrial Aerodynamics, 2008 (10): 1498-1527.

[148] MORAKINYO T E, KONG L, LAU K K-L, et al. A study on the impact of shadow-cast and tree species on in-canyon and neighborhood's thermal comfort[J]. Building and Environment, 2017 (115): 1-17.

[149] MORAKINYO T E, LAM Y F. Simulation study on the impact of tree-configuration, planting pattern and wind condition on street-canyon's micro-climate and thermal comfort[J]. Building and Environment, 2016（103）: 262-275.

[150] MORAKINYO T E, LAU K K-L, REN C, et al. Performance of Hong Kong's common trees species for outdoor temperature regulation, thermal comfort and energy saving[J]. Building and Environment, 2018（137）: 157-170.

[151] MOTAZEDIAN A, LEARDINI P M. Impact of green infrastructures on urban microclimates: a critical review of data collection methods[C]//46th Annual Conference of the Architectural Science Association. Brisbane, Australia, 2012.

[152] MURAKAMI S, OOKA R, MOCHIDA A, et al. CFD analysis of wind climate from human scale to urban scale[J]. Journal of Wind Engineering and Industrial Aerodynamics, 1999（1）: 57-81.

[153] MYRUP L O. A numerical model of the Urban Heat Island[J]. Journal of Applied Meteorology, 1969（6）: 908-918.

[154] NUNEZ M, OKE T R. Modeling the daytime urban surface energy balance[J]. Geographical Analysis, 1980（4）: 373-386.

[155] OKE T R. Boundary Layer Climates[M]. London: Routledge, 2014.

[156] OKE T R. The energetic basis of the urban heat island[J]. Quarterly Journal of the Royal Meteorological Society, 1982（455）: 1-24.

[157] OU YANG Z Y, ZHENG H, XIAO Y, et al. Improvements in ecosystem services from investments in natural capital[J]. Science, 2016（6292）: 1455-1459.

[158] PAAVOLA J, ADGER W N. Fair adaptation to climate change[J]. Ecological Economics, 2006（4）: 594-609.

[159] PACIONE M. Urban geography: a global perspective[M]. New York: Routledge, 2009.

[160] PARK M, HAGISHIMA A, TANIMOTO J, et al. Effect of urban vegetation on outdoor thermal environment: field measurement at a scale model site[J]. Building and Environment, 2012（56）: 38-46.

[161] PERINI K, CHOKHACHIAN A, AUER T. Nature Based Strategies for Urban and Building Sustainability[M]. Butterworth-Heinemann, 2018: 119-129.

[162] QAID A, BIN L H, OSSEN D R, et al. Urban heat island and thermal comfort conditions at micro-climate scale in a tropical planned city[J]. Energy and Buildings, 2016（133）: 577-595.

[163] QIAO Z, TIAN G J, XIAO L. Diurnal and seasonal impacts of urbanization on the urban thermal environment: a case study of Beijing using MODIS data[J]. ISPRS Journal of Photogrammetry and Remote Sensing, 2013（85）: 93-101.

[164] RIZWAN A M，DENNIS L Y C，LIU C H. A review on the generation，determination and mitigation of Urban Heat Island[J]. Journal of Environmental Sciences，2008（1）：120-128.

[165] ROSSO F，GOLASI I，CASTALDO V L，et alOn the impact of innovative materials on outdoor thermal comfort of pedestrians in historical urban canyons[J]. Renewable Energy，2018（118）：825-839.

[166] SALATA F，GOLASI I，PETITTI D，et al. Relating microclimate，human thermal comfort and health during heat waves：an analysis of heat island mitigation strategies through a case study in an urban outdoor environment[J]. Sustainable Cities and Society，2017（30）：79-96.

[167] SANTAMOURIS M. Heat island research in Europe：the state of the art[J]. Advances in Building Energy Research，2007（1）：123-150.

[168] SCHULTZ H. Designing large-scale landscapes through walking[J]. Journal of Landscape Architecture，2014（2）：6-15.

[169] SCHWARZ N，MANCEUR A M. Analyzing the influence of urban forms on surface urban heat islands in Europe[J]. Journal of Urban Planning and Development，2014（3）A4014003.

[170] SENANAYAKE I P，WELIVITIYA W D D P，NADEEKA P M. Remote sensing based analysis of urban heat islands with vegetation cover in Colombo city，Sri Lanka using Landsat-7 ETM+ data[J]. Urban Climate，2013（5）：19-35.

[171] SHARAFKHANI R，KHANJANI N，BAKHTIARI B，et al. Physiological equivalent temperature index and mortality in Tabriz（the northwest of Iran）[J]. Journal of Thermal Biology，2018（71）：195-201.

[172] SHIN W M，LIN T P，TAN N X，et al. Long-term perceptions of outdoor thermal environments in an elementary school in a hot-humid climate[J]. International Journal of Biometeorology，2017（9）：1657-1666.

[173] SMITH C，LEVERMORE G. Designing urban spaces and buildings to improve sustainability and quality of life in a warmer world[J]. Energy Policy，2008（12）：4558-4562.

[174] SONG J，DU S H，FENG X，et al. The relationships between landscape compositions and land surface temperature：Quantifying their resolution sensitivity with spatial regression models[J]. Landscape and Urban Planning，2014（123）：145-157.

[175] SOUCH C，GRIMMOND S. Applied climatology：urban climate[J]. Progress in Physical Geography：Earth and Environment，2006（2）：270-279.

[176] SPRONNKEN R A. Energetics and Cooling in Urban Parks[D]. New Zealand：University of Otago，1987.

[177] SRIVANIT M, JAREEMIT D. Modeling the influences of layouts of residential townhouses and tree-planting patterns on outdoor thermal comfort in Bangkok suburb[J]. Journal of Building Engineering, 2020（30）: 101262.

[178] STEWART I D. A systematic review and scientific critique of methodology in modern urban heat island literature[J]. International Journal of Climatology, 2011（2）: 200-217.

[179] STONE B, HESS J J, FRUMKIN H. Urban form and extreme heat events: are sprawling cities more vulnerable to climate change than compact cities?[J]. Environmental Health Perspectives, 2010（10）: 1425-1428.

[180] STONE B, RODGERS M O. Urban form and thermal efficiency: how the design of cities influences the urban heat island effect[J]. Journal of the American Planning Association, 2001（2）: 186-198.

[181] SUN R H, CHEN L D. How can urban water bodies be designed for climate adaptation? [J]. Landscape and Urban Planning, 2012（1-2）: 27-33.

[182] SUN S B, XU X Y, LAO Z M, et al. Evaluating the impact of urban green space and landscape design parameters on thermal comfort in hot summer by numerical simulation[J]. Building and Environment, 2017（123）: 277-288.

[183] TAKANO T, NAKAMURA K, WATANABE M. Urban residential environments and senior citizens' longevity in megacity areas: the importance of walkable green spaces[J]. Journal of Epidemiology and Community Health, 2002（12）: 913-918.

[184] TALEGHANI M, BERARDI U. The effect of pavement characteristics on pedestrians' thermal comfort in Toronto[J]. Urban Climate, 2018（24）: 449-459.

[185] TALEGHANI M, KLEEREKOPER L, TENPIERIK M, et al. Outdoor thermal comfort within five different urban forms in the Netherlands[J]. Building & Environment, 2015（83）: 65-78.

[186] THOMPSON M J. Fleeing the city: studies in the culture and politics of antiurbanism[M]. US: Palgrave Macmillan, 2009: 161-207.

[187] TAN P Y, WONG N H, TAN C L, et al. A method to partition the relative effects of evaporative cooling and shading on air temperature within vegetation canopy[J]. Journal of Urban Ecology, 2018（4）: 1.

[188] TEAFORD J C. Book review: the city beautiful movement by William H. Wilson[J]. Pennsylvania Magazine of History & Biography, 1991: 273-274.

[189] THACH T Q, ZHENG Q S, LAI P C, et al. Assessing spatial associations between thermal stress and mortality in Hong Kong: a small-area ecological study[J]. Science of the Total Environment, 2015（502）: 666-672.

[190] TIMOTHY R. OKE T R，GERALD M A C，et al. Urban Climates[M]. London：Cambridge University Press，2017.

[191] TOPARLAR Y，BLOCKEN B，MAIHEU B，et al. A review on the CFD analysis of urban microclimate[J]. Renewable and Sustainable Energy Reviews，2017（80）：1613-1640.

[192] TOSHIKO K. PRB Projects World Population Rising 33 Percent by 2050 to Nearly 10 Billion[EB/OL]. Population reference bureau，2016，https：//phys. org/news/2016-08-prb-world-population-percent-billion. html.

[193] VIDRIH B，MEDVED S. Multiparametric model of urban park cooling island[J]. Urban Forestry & Urban Greening，2013（2）：220-229.

[194] WANG J，CAO S Y，PANG W C，et al. Wind-load characteristics of a cooling tower exposed to a translating tornado-like vortex[J]. Journal of Wind Engineering and Industrial Aerodynamics，2016（158）：26-36.

[195] WANG X X，LI Y G. Predicting urban heat island circulation using CFD[J]. Building and Environment，2016（99）：82-97.

[196] WANG Y P，AKBARI H. The effects of street tree planting on Urban Heat Island mitigation in Montreal[J]. Sustainable Cities and Society，2016（27）：122-128.

[197] WANG Y，BERARDI U，AKBARI H. Comparing the effects of urban heat island mitigation strategies for Toronto，Canada[J]. Energy and Buildings，2016（114）：2-19.

[198] WANG Y，LI X B，KANG Y Q，et al. Analyzing the impact of urbanization quality on CO2 emissions：What can geographically weighted regression tell us?[J]. Renewable and Sustainable Energy Reviews，2019（104）：127-136.

[199] WANG Y，LI Y G，XUE Y，et al. City-scale morphological influence on diurnal urban air temperature[J]. Building and Environment，2020（169）：106527.

[200] WENG Q H. Fractal analysis of satellite-detected urban heat island effect[J]. Photogrammetric Engineering and Remote Sensing，2003（5）：555-566.

[201] WENG Q H. Remote sensing of impervious surfaces in the urban areas：Requirements，methods，and trends[J]. Remote Sensing of Environment，2012（117）：34-49.

[202] WU Z F，DOU P F，CHEN L D. Comparative and combinative cooling effects of different spatial arrangements of buildings and trees on microclimate[J]. Sustainable Cities and Society，2019（51）：101711.

[203] XU D，ZHOU D，WANG Y P，et al. Field measurement study on the impacts of urban spatial indicators on urban climate in a Chinese basin and static-wind city[J]. Building and Environment，2019

（147）：482-494.

[204] YAHIA M W，JOHANSSON E. Landscape interventions in improving thermal comfort in the hot dry city of Damascus，Syria：The example of residential spaces with detached buildings[J]. Landscape and Urban Planning，2014（125）：1-16.

[205] YAN C H，GUO Q P，LI H Y，et al. Quantifying the cooling effect of urban vegetation by mobile traverse method：A local-scale urban heat island study in a subtropical megacity[J]. Building and Environment，2020（169）：106541.

[206] YAN H，WU F，DONG L. Influence of a large urban park on the local urban thermal environment[J]. Science of The Total Environment，2018（622-623）：882-891.

[207] YAN J L，ZHOU W Q，JENERETTE G D. Testing an energy exchange and microclimate cooling hypothesis for the effect of vegetation configuration on urban heat[J]. Agricultural and Forest Meteorology，2019（279）：107666.

[208] YANG J C，WANG Z H，KALOUSH K E. Environmental impacts of reflective materials：Is high albedo a 'silver bullet' for mitigating urban heat island?[J]. Renewable and Sustainable Energy Reviews，2015（47）：830-843.

[209] YANG L，LIU X D，Qian F. Research on water thermal effect on surrounding environment in summer[J]. Energy and Buildings，2020（207）：109613.

[210] YANG L，NIYOGI D，TEWARI M，et al.Contrasting impacts of urban forms on the future thermal environment：Example of Beijing metropolitan area[J]. Environmental Research Letters，2016（11）：034018.

[211] YANG Y J，ZHOU D，GAO W J，et al. Simulation on the impacts of the street tree pattern on built summer thermal comfort in cold region of China[J]. Sustainable Cities and Society，2018（37）：563-580.

[212] YANG Y J，ZHOU D，WANG Y P，et al. Economical and outdoor thermal comfort analysis of greening in multistory residential areas in Xi'an[J]. Sustainable Cities and Society，2019（51）：101730.

[213] YANG Z W，CHEN Y B，WU Z F，et al. Spatial heterogeneity of the thermal environment based on the urban expansion of natural cities using open data in Guangzhou，China[J]. Ecological Indicators，2019（104）：524-534.

[214] YUE W Z，QIU S S，XU H，et al. Polycentric urban development and urban thermal environment：A case of Hangzhou，China[J]. Landscape and Urban Planning，2019（189）：58-70.

[215] ZHANG A X，BOKEL R，VAN DEN DOBBELSTEEN A，et al. An integrated school and schoolyard design method for summer thermal comfort and energy efficiency in Northern China[J]. Building and

Environment，2017（124）：369-387.

[216] ZHANG L，ZHAN Q M，LAN Y L. Effects of the tree distribution and species on outdoor environment conditions in a hot summer and cold winter zone：a case study in Wuhan residential quarters[J]. Building and Environment，2018（130）：27-39.

[217] ZHANG X，WEN M，LU K J，et al. A privacy-aware data dissemination scheme for smart grid with abnormal data traceability[J]. Computer Networks，2017（117）：32-41.

[218] ZHAO W，LI A N，HUANG Q X，et al. An improved method for assessing vegetation cooling service in regulating thermal environment：A case study in Xiamen，China[J]. Ecological Indicators，2019（98）：531-542.

[219] ZHENG S L，ZHAO L H，LI Q. Numerical simulation of the impact of different vegetation species on the outdoor thermal environment[J]. Urban Forestry & Urban Greening，2016（18）：138-150.

[220] ZHOU B，RYBSKI D，KROPP J P. The role of city size and urban form in the surface urban heat island[J]. Scientific Reports，2017（1）：4791.

[221] ZHOU W Q，HUANG G L，CADENASSO M L. Does spatial configuration matter? Understanding the effects of land cover pattern on land surface temperature in urban landscapes[J]. Landscape and Urban Planning，2011（1）：54-63.

[222] ZUO J，PULLEN S，PALMER J，et al. Impacts of heat waves and corresponding measures：a review[J]. Journal of Cleaner Production，2015（92）：1-12.

[223] 中大窪千，梅干野晃. 屋外生活空間における空間形態や構成材料の違いを考慮した放射環境の数値解析 [J]. 日本建築学会環境系論文集，2008（73）：957-964.

[224] 孟岩，日比一喜. 高層建物周辺の流れ場の乱流計測 [J]. 日本風工学会誌，1998（76）：55-64.